TRAVAUX PRATIQUES

DE

CHIMIE GÉNÉRALE

Analyse Qualitative
Dosages Volumétriques

PAR

G. LEPERCQ

DOCTEUR ÈS SCIENCES

PROFESSEUR A LA FACULTÉ CATHOLIQUE DES SCIENCES DE LYON

PARIS (V^e)

M. GIARD & E. BRIÈRE

LIBRAIRES-ÉDITEURS

16, RUE SOUFFLOT ET 12, RUE TOULLIER

1917

TRAVAUX PRATIQUES
DE CHIMIE GÉNÉRALE

TRAVAUX PRATIQUES
DE
CHIMIE GÉNÉRALE

Analyse Qualitative
Dosages Volumétriques

PAR

G. LEPERCQ

DOCTEUR ÈS SCIENCES
PROFESSEUR A LA FACULTÉ CATHOLIQUE DES SCIENCES DE LYON

PARIS (Ve)
M. GIARD & E. BRIÈRE
LIBRAIRES-ÉDITEURS
16, RUE SOUFFLOT ET 12, RUE TOULLIER

1917

RECHERCHE DES BASES DANS UN MÉLANGE DE SELS

Classification analytique. — Les métaux se divisent en sept familles :

A. Métaux à chlorures insolubles dans l'eau précipitant par HCl :

I Ag. Pb. Hg(m)

B. Métaux à chlorures solubles dans l'eau.

A sulfures insolubles dans l'eau et dans les acides étendus, par conséquent qui précipitent par H^2S en liqueur acidulée.

A sulfures acides solubles dans $(AzH^4)^2S$:

II Sb. Sn. As. Au. Pt

A sulfures neutres insolubles dans $(AzH^4)^2S$:

III Hg(M). Bi. Cu. Cd. Pb

A sulfures insolubles dans H^2O, mais solubles dans les acides étendus, par conséquent ne précipitant pas par H^2S en liqueur acidulée.

Formant des sesquioxydes, précipitables par AzH^4Cl et AzH^4OH :

IV Fe. Al. Cr.

ne précipitant pas par AzH^4Cl et AzH^4OH

mais ensuite par $(AzH^4)^2S$:

V Zn. Mn. Ni. Co.

A sulfures solubles dans H^2O, à carbonates insolubles :

VI Ba. Sr. Ca

A carbonates solubles (au moins dans les sels ammoniacaux :

VII Mg. K. Na. Li. AzH^4

MARCHE ANALYTIQUE

Si le corps est solide, on le chauffe avec 10 fois environ son poids d'eau.

S'il semble insoluble, on filtre et on évapore 1-2 gouttes de la liqueur, pour voir s'il y a ou non une partie insoluble : qu'il y en ait ou non, on dissout alors la substance dans HCl étendu, en opérant comme il est dit pour les sels insolubles dans l'eau.

Si on a un liquide, on en évapore doucement 1-2 gouttes dans une capsule (ne pas respirer les vapeurs) pour juger de l'aspect et de l'abondance du résidu.

Essais préliminaires.

I. Voir la réaction :

1° au *tournesol* ;

2° au *violet de Paris* qui vire plus ou moins au vert si la liqueur renferme un acide libre.

II. A un essai ajouter CO^3Na^2 :

S'il y a un précipité, il y a d'autres bases que des alcalis.

S'il y a rien, même à chaud, il n'y a, comme bases, que des alcalis, et, s'il y a des métaux lourds, ils sont à l'état d'acides (*acides métalliques*).

III. A un autre essai ajouter $Ba(AzO^3)^2$;

S'il y a un précipité, il y a des acides de la 2e famille.

On ajoute alors HCl : s'il y a une partie insoluble, il y a : *SO^4H^2*

IV. A un autre essai, ajouter AzO^3H et AzO^3Ag.

S'il y a un précipité, il y a des acides de la 3e famille.

N. B. — Il est bon d'ajouter, à un autre essai, seulement AzO^3Ag, car quelques sels d'Ag insolubles ont une couleur caractéristique :

arsénite	Phosphate	Iodure	Arséniate	Chromate
jaune pâle	jaune	jaunâtre	rouge brique	rouge foncé
soluble dans	soluble dans	insol. dans	soluble dans	peu sol. ds.
AzO^3H	AzO^3H	AzO^3H	AzO^3H	AzO^3H

V. — Quel que soit l'état du sel, ajouter à un essai NaOH, et chauffer à ébullition ; il se dégage AzH^3 : *AzH^4*

I. — 1re famille Ag. Pb. Hg (mercureux)

A un essai de liqueur primitive ajouter HCl :

S'il n'y a rien passer à II.

S'il y a un précipité, on ajoute HCl à toute la liqueur destinée à la recherche des bases, on filtre, et on garde la liqueur pour II.

On lave le précipité à l'eau froide, et on l'arrose d'eau bouillante ; à cette eau qui a filtré, on ajoute KI ; précipité jaune : *Pb*

On arrose d'AzH^4OH le résidu resté sur le filtre ; il noircit : *Hg*

A AzH^4OH filtrée, on ajoute (avec précaution) AzO^3H ; précipité : *Ag*

Remarques.

1° S'il y a un précipité par HCl, ajouter H^2O pour voir s'il se dissout et s'il n'est pas formé par un sel, tel que $BaCl^2$, peu soluble en présence de HCl concentré ;

2° Le précipité formé par HCl peut être aussi S provenant d'un polysulfure ou d'un hyposulfite, BO^3H^3, SiO^2, etc. (voir marche des acides) ;

3° $PbCl^2$ étant un peu soluble, HCl ne peut précipiter tout le Pb : il en reste toujours dans la liqueur filtrée (s'il n'y a que peu de Pb, il peut même ne pas précipiter par HCl) et précipitera ensuite par H^2S. Il pourra donc y avoir Pb dans le précipité des sulfures de la 3ᵉ famille, et il y en aura toujours si on trouve ici Pb (dans ce cas on devra toujours avoir un précipité par H^2S) ;

4° Eviter de mettre un trop grand excès de HCl qui rendrait ensuite difficile la précipitation par H^2S.

II. — 2ᵉ et 3ᵉ familles.

A un essai de la liqueur, ajouter HCl, s'il n'y en a pas déjà, et faire passer H^2S.

S'il n'y a rien, ajouter H^2O et faire passer à nouveau H^2S.

S'il n'y a rien à froid, essayer à chaud (car AsO^4H^3 ne précipite pas à froid).

S'il y a un précipité à froid le former *à fond*, filtrer et faire passer à nouveau H^2S dans la liqueur chaude.

S'il n'y a rien par H^2S, on passe à IV.

S'il y a un précipité, ajouter HCl à toute la liqueur et faire passer *à fond* H^2S (dans les mêmes conditions), filtrer et s'assurer, en ajoutant H^2O à un essai de la liqueur filtrée et faisant passer à nouveau H^2S, que l'action de celui-ci a été totale. Garder la liqueur filtrée pour l'essai IV.

Le précipité peut contenir :

1° Les sulfures de la 2e famille solubles dans $(AzH^4)^2S$;

2° ceux de la 3e insolubles dans $(AzH^4)^2S$.

On le lave à fond à l'eau chaude, on l'entraîne dans une fiole, on en fait passer un peu dans un tube à essai, on ajoute $(AzH^4)^2S$, on chauffe et on filtre.

Si tout s'est dissous, il n'y a que des sulfures de la 2e famille, on traite suivant II'.

S'il y a une partie insoluble, il y a des sulfures de la 3e famille.

Pour voir s'il y en a aussi de la 2e, on ajoute avec précaution HCl à $(AzH^4)^2S$ qui a filtré.

S'il n'y a qu'un précipité blanc (S), il n'y a que des sulfures de la 3e famille, et on traite le précipité suivant III ;

S'il y a un précipité coloré, il y a des sulfures de la 2e famille : pour les séparer de ceux de la 3e, on ajoute $(AzH^4)^2S$ à tout le précipité ; on chauffe, on filtre, on garde la partie insoluble pour III.

A $(AzH^4)^2S$ qui a filtré, on ajoute peu à peu HCl jusqu'à réaction nettement acide, mais sans en mettre un excès. Il reprécipite les sulfures qui s'étaient dissous dans $(AzH^4)^2S$; on les filtre, puis on les entraine dans une fiole.

II'. — 2e famille Sn. Sb. As. Au. Pt.

Le précipité des sulfures de la 2e famille peut contenir ceux de Sn. Sb. As. Au. et Pt. On y ajoute HCl qui ne dissoudra que les deux premiers. On chauffe à ébullition et on filtre en recevant la liqueur dans un Erlenmeyer.

a) Traitement de la liqueur. — On y ajoute Zn qui précipite Sn et Sb ; on décante la liqueur, on ajoute HCl au précipité métallique, on chauffe. Sn se dissout, Sb reste insoluble ;

1° On décante la liqueur chlorhydrique, on y ajoute $HgCl^2$; précipité blanc ou gris de Hg^2Cl^2 ou de Hg : ***Sn***

2° au *résidu insoluble*, on ajoute HCl et très peu de ClO^3K, on chauffe ; Sb se dissout, on ajoute H^2O, on fait passer H^2S ; précipité orangé : ***Sb***

b) Traitement de la partie insoluble dans HCl. — On l'arrose de AzH^4OH, puis, à celle-ci qui a filtré, on ajoute (avec précaution) HCl ; précipité jaune : ***As***

Si AzH^4OH laisse un résidu noir, il y a : ***Au.Pt***

Remarque. — $(AzH^4)^2S$ dissout aussi un peu de CuS qui reprécipite en brun marron (chocolat sale) quand on décompose $(AzH^4)^2S$ par HCl.

III. — 3e famille Hg (mercuriques) Pb. Bi. Cu. Cd.

Le précipité des sulfures de la 3e famille peut contenir ceux de Hg. Pb. Bi. Cu. Cd ; on l'entraîne dans une fiole, on ajoute AzO^3H qui dissoudra PbS, Bi^2S^3, CuS. CdS et laissera HgS. On chauffe tant qu'il se dégage des vapeurs nitreuses, et on filtre.

a) **Traitement de la liqueur.** — A un essai, on ajoute, avec précaution, SO^4H^2 et C^2H^5OH ; précipité blanc : *Pb*

On filtre, et, au liquide, on ajoute AzH^4OH. } précipité blanc floconneux : *Bi* — coloration bleue : *Cu*

Si AzH^4OH a donné un précipité, on le filtre ; si la liqueur est bleue, on y ajoute KCy, et on fait passer H^2S ou bien on y ajoute une goutte de $(AzH^4)^2S$; précipité jaune : *Cd*

N.-B. — S'il n'y a rien par SO^4H^2 et C^2H^5OH, prendre un autre essai pour y chercher Bi, Cu puis Cd.

Traitement de la partie insoluble dans AzO^3H. — On dissout dans l'eau régale (peu d'HCl et très peu d'AzO^3H) en chauffant tant qu'il se dégage des vapeurs nitreuses, on filtre, et on cherche Hg dans la liqueur : une goutte blanchit Cu.

Un essai donne par AzH^4OH un précipité blanc de

$$Hg \begin{cases} Cl \\ AzH^2 \end{cases}$$

Un essai donne par très peu de KI un précipité rouge soluble dans un excès de KI

} *Hg*

IV. — 4e Famille Fe (M). Al. Cr.

Si la liqueur renferme H^2S, on le chasse par ébullition, puis, à un essai, on ajoute AzO^3H ; on chauffe, on ajoute AzH^4Cl et AzH^4OH.

S'il n'y a rien, on passe à l'essai V

S'il y a un précipité, on opère de même sur toute la liqueur, on filtre, et on garde le liquide pour V. On lave le précipité, et on l'entraîne dans une fiole.

Recherche de Fe. — On fait passer un peu du précipité dans un tube à essai, on le dissout dans HCl, on ajoute Cy^6FeK^4 ; précipité bleu : *Fe*

Recherche de Al. — On fait bouillir le reste du précipité avec KOH, et on filtre. On ajoute à la liqueur PO^4Na^2H et CH^3CO^2H ; précipité blanc gélatineux : *Al*

Recherche de Cr. — On entraîne dans une fiole le résidu insoluble dans KOH ; on le fait bouillir avec KOH et PbO^2 ; on filtre et on ajoute à la liqueur CH^3CO^2H ; précipité jaune de CrO^4Pb : *Cr*

On peut aussi le fondre avec KOH et ClO^3K ; on reprend par l'eau, on filtre, on ajoute à la liqueur $(AzO^3)^2Pb$ et CH^3CO^2H qui donne, s'il y a Cr, le précipité jaune de CrO^4Pb

N.-B. — S'il y a Cr, la liqueur filtrée après addition de AzH^4Cl et AzH^4OH est colorée en rouge vineux ; elle se décolore par ébullition en précipitant Cr^2O^3 qu'on filtre.

Remarque. — Le précipité par AzH^4Cl et AzH^4OH peut contenir, en outre de $Al(OH)^3$ — $Fe(OH)^2$ — $Cr(OH)^3$, des séls dissous dans un acide, et qui précipitent quand on neutralise la liqueur par AzH^4OH.

Il peut donc contenir :

Comme métaux Fe, Al, Cr, Ba, Sr, Mg, Ca et aussi Mn.

Comme acides :

$$P^2O^5 - \begin{matrix} COOH \\ | \\ COOH \end{matrix} - BO^3H^3 - SiO^2 - HFl$$

Traitement général du précipité par AzH^4Cl et AzH^4OH

On cherche d'abord les acides par ébullition d'une partie du sel avec CO^3Na^2, comme il est dit à la marche des sels insolubles ou à la recherche des acides :

1° On dissout un peu du précipité dans HCl, on ajoute Cy^6FeK^4 ; précipité bleu : Fe

2° *S'il y a BO^3H^3* : On bout le précipité avec AzH^4Cl, on filtre, et on cherche dans la liqueur, suivant VI, Ba, Sr, Ca puis Mg :

S'il reste une partie insoluble dans AzH^4Cl on y cherche comme ci-dessus Al et Cr ;

3° *S'il y a* $\begin{matrix} COOH \\ | \\ COOH \end{matrix}$ On détruit celui-ci en calcinant le précipité, on reprend par HCl étendu, on filtre ; puis on traite la liqueur comme d'ordinaire par AzH^4Cl et AzH^4OH puis par $(AzH^4)^2S$. $CO^3(AzH^4)^2$, PO^4Na^2H ;

4° *S'il y a* P^2O^5. On dissout le précipité dans le moins possible d'HCl on neutralise l'excès d'HCl en ajoutant CO^3Na^2 jusqu'à précipité permanent, puis on rajoute une goutte HCl pour redissoudre ce précipité. Enfin, alternativement, $FeCl^3$ et CH^3COONa jusqu'à teinte rougeâtre. On bout jusqu'à ce qu'un essai filtre incolore, et on filtre (méthode acéto ferrique). On ajoute à la liqueur AzH^4Cl et AzH^4OH. S'il y a un précipité, on le filtre, et on le jette ; puis on traite comme d'ordinaire par $(AzH^4)^2S$, $CO^3(AzH^4)^2$, puis PO^4Na^2H. Dans le précipité, on cherche comme d'ordinaire Al et Cr ;

5° *S'il y a à la fois les trois acides* : On fait d'abord bouillir le précipité avec AzH^4Cl pour éliminer les borates alcalino terreux, on calcine le résidu pour détruire les oxalates, et on traite par la méthode acéto ferrique.

V. — 5e famille Mn. Zn. Ni. Co.

A un essai, on ajoute AzH^4Cl. AzH^4OH; s'il n'y en a pas déjà, puis $(AzH^4)^2S$ (éviter un excès).

S'il n'y a rien, on passe à VI.

S'il y a un précipité, on opère de même sur toute la liqueur ; on filtre, et on garde la liqueur pour VII. On lave le précipité, et on l'entraîne dans une fiole. On y ajoute HCl étendu qui ne dissoudra que les sulfures de Mn et Zn, on fait bouillir, et on filtre.

a) **Traitement de la liqueur** (Mn, Zn). On y ajoute un excès de NaOH ; précipité (vérifier par voie sèche avec CO^3K^2 et ClO^3K) : *Mn*

On filtre et on fait passer H^2S dans la liqueur ; précipité blanc : *Zn*

b) **Partie insoluble** (Ni, Co). On la dissout dans pas trop d'eau régale :

1° à une partie on ajoute NaOH jusqu'à précipité permanent qu'on redissout dans CH^3CO^2H. On ajoute un excès d'une solution concentrée de AzO^2K ; précipité jaune : **Co**

2° A une partie, on ajoute $C^4H^6O^6$, puis un excès de NaOH. On fait passer à fond H^2S ; la liqueurpasse noire : **Ni**

Remarque. — Si, après addition de $(AzH^4)^2S$, la liqueur filtrée est noire, cette coloration est due à la dissolution d'une partie de NiS dans $(AzH^4)^2S$ en excès. On la fait disparaître en ajoutant HCl, puis faisant bouillir et filtrant.

VI. — 6e famille Ba. Sr. Ca.

A un essai de la liqueur, on ajoute AzH^4Cl et AzH^4OH, s'il n'y en a pas déjà, puis $CO^3(AzH^4)^2$; on tiédit au besoin.

S'il n'y a rien, on passe à VII.

S'il y a un précipité, on opère de même sur toute la liqueur ; on tiédit, on filtre et on garde la liqueur pour VII. On lave le précipité, on l'entraîne dans un verre. On le dissout dans HCl.

Recherche de Ba. — A une partie de cette liqueur chlorhydrique, on ajoute SO^4Ca ; précipité immédiat : **Ba**

Recherche de Sr.

1er cas : Il n'y a pas Ba. On évapore à sec le reste de cette liqueur chlorhydrique, on reprend par pas trop d'eau ; à une partie de la liqueur obtenue, on ajoute SO^4Ca, on chauffe ; précipité : **Sr**

2° cas : Il y a Ba. On évapore de même, on reprend par H^2O. A une partie de la solution, on ajoute $Cr^2O^7K^2$, puis juste assez de AzH^4OH pour virer la teinte au jaune pâle, pour précipiter Ba. On filtre, et, au liquide filtré, qui doit être jaune, on ajoute SO^4Ca, et on chauffe ; précipité : *Sr*

Recherche de Ca. — Au reste de la liqueur obtenue en évaporant la solution chlorhydrique des carbonates et reprenant par l'eau, on ajoute un petit excès de SO^4H^2, on filtre : au liquide filtré on ajoute $\begin{matrix} CO^2AzH^4 \\ | \\ CO^2AzH^4 \end{matrix}$ et AzH^4OH ; précipité insoluble dans CH^3COOH : *Ca*

Remarques :

1° S'il n'y a ni Ba ni Sr, le précipité par $CO^3(AzH^4)^2$ indique évidemment Ca ;

2° Il n'est pas mauvais pour assurer l'élimination de Ba. Sr. Ca, d'ajouter au liquide filtré après l'action de $CO^3(AzH^4)^2$ une goutte de $SO^4(AzH^4)^2$ (ou de SO^4H^2) et de $\begin{matrix} COOAzH^4 \\ | \\ COOAzH^4 \end{matrix}$ et de filtrer à nouveau.

VII. — 7e famille. Mg. K. Na. Li.

A un essai de la liqueur, on ajoute AzH^4Cl et AzH^4OH s'il n'y en a pas déjà, puis PO^4Na^2H, et on agite fortement ; précipité : *Mg*

Recherche des alcalis.

1er cas : Il n'y a pas de Mg. Si la liqueur renferme des acides libres ou des sels ammoniacaux, on évapore et on calcine pour les éliminer : on reprend par *très peu d'eau.*

1° à une partie on ajoute $C^6H^2 \begin{cases} OH \\ (AzO^2)^3 \end{cases}$ On agite ; précipité jaune : *K*

2° à une deuxième, on ajoute $Sb^2O^7K^2H^2$; précipité blanc (sableux) : *Na*

3° à une troisième, on ajoute PO^4Na^2H et $NaOH$; on chauffe ; précipité blanc : *Li*

S'il n'y a ni acides libres ni sels ammoniacaux, on fait directement ces essais sur la liqueur.

2° cas : Il y a Mg. Il faut d'abord le précipiter par

$$Ba(OH)^2$$

par exemple :

$$MgCl^2 + Ba(OH)^2 = Mg(OH)^2 \downarrow + BaCl^2$$

S'il y a des acides libres ou des sels ammoniacaux, on évapore, et on calcine pour les éliminer. On reprend par H^2O, on ajoute un excès d'eau de baryte, on bout, on filtre. A la liqueur, qui doit être alcaline, on ajoute $CO^3(AzH^4)^2$ pour précipiter Ba. On filtre, on évapore à sec, et on opère comme précédemment.

S'il n'y a ni acides libres, ni sels ammoniacaux, on traite de suite la liqueur par $Ba(OH)^2$.

EXPLICATION DE LA MARCHE DES BASES

Première famille Ag. Pb. Hg (m).

Les chlorures de ces métaux, étant insolubles, précipitent par addition de HCl, c'est-à-dire qu'on a, par exemple :

$$AzO^3Ag + HCl = AgCl + AzO^3H$$
$$(AzO^3)^2 Pb + 2HCl = PbCl^2 + 2 AzO^3H$$
$$(AzO^3)^2 Hg^2 + 2HCl = Hg^2Cl^2 + 2 AzO^3H$$

Le précipité peut donc être formé par un mélange de $AgCl$, $PbCl^2$, Hg^2Cl^2.

$PbCl^2$ est un peu soluble dans l'eau chaude, et se dissoudra donc, quand on arrosera le précipité avec celle-ci ; puis, en ajoutant à la solution obtenue KI, on aura un précipité caractéristique de PbI^2 :

$$PbCl^2 + 2KI = PbI^2 + 2KCl$$

En traitant ensuite ce qui reste par AzH^4OH, Hg^2Cl^2 se colore en noir, parce qu'il se transforme en chloro-amidure mercureux noir :

$$Hg^2 \langle {}^{Cl}_{Cl} + AzH^3 = HCl + Hg^2 \langle {}^{Cl}_{AzH^2}$$

en même temps, AzH^4OH dissout AgCl, et il se précipite quand on la neutralise par AzO^3H.

Deuxième et Troisième famille.

Les métaux de la deuxième et de la troisième famille précipitent à l'état de sulfures quand on dirige H^2S dans leurs solutions, par exemple :

$$2SbCl^3 + 3H^2S = 6HCl + Sb^2S^3$$
$$HgCl^2 + H^2S = 2HCl + HgS$$

Quand on les traite par $(AzH^4)^2S$, les sulfures de la troisième famille, qui sont à fonction neutre, restent insolubles, tandis que ceux de la deuxième, dont la fonction est acide (sulfacides), se dissoudront avec formation de sulfosels, par exemple :

$$Sb^2S^3 + 3\,(AzH^4)^2S = 2SbS^3\,(AzH^4)^3$$

(sulfoantimonite d'ammonium). On pourra donc séparer ainsi les sulfures de ces deux familles.

Puis, quand on ajoutera HCl à $(AzH^4)^2S$, si celui-ci n'a rien dissous, on n'aura qu'un précipité blanc formé par S : $(AzH^4)^2S$ renferme toujours plus ou moins de $(AzH^4)^2S^2$ formé par action de l'air.

$$2(AzH^4)^2S + H^2O + O = (AzH^4)^2S^2 + 2AzH^4OH$$

et qui lui donne sa couleur jaune ; aussi, il donnera par HCl :

$$(AzH^4)^2S^2 + 2HCl = 2\,AzH^4Cl + H^2S\uparrow + S\downarrow$$

s'il s'est formé, au contraire, des sulfosels, HCl les décomposera en précipitant les sulfacides, et on aura, par conséquent, un précipité coloré, par exemple :

$$2SbS^3(AzH^4)^3 + 6HCl = 6\,AzH^4Cl + 3H^2S\uparrow + Sb^2S^3\downarrow.$$

Métaux de la Deuxième Famille Sn. Sb. As. Au. (Pt) (+)

Le précipité des sulfures de la deuxième famille peut donc contenir : SnS^2, Sb^2S^3, As^2S^3, Au^2S^3 et PtS^2. Quand on le chauffe avec HCl relativement concentré, les deux premiers se dissoudront en se transformant en chlorures :

$$\left\{\begin{array}{l} Sn\,S^2 + 4HCl = SnCl^4 + 2H^2S \\ Sb^2S^3 + 6HCl = 2SbCl^3 + 3H^2S \end{array}\right.$$

tandis que les trois autres ne seront pas attaqués. Par conséquent, en filtrant on aura une solution de $SnCl^4$ et de $SbCl^3$ et une partie insoluble formée par les trois autres sulfures.

Recherche de Sn et de Sb. — A la liqueur chlorhydrique qui peut donc contenir $SnCl^4$ et $SbCl^3$, on ajoute Zn qui précipitera Sn et Sb à l'état libre.

$$SnCl^4 + 2Zn = 2ZnCl^2 + Sn$$

$$2SbCl^3 + 3Zn = 2Sb + 3ZnCl^2$$

puis, en chauffant le précipité avec HCl, Sb restera insoluble, tandis que Sn se dissoudra :

$$Sn + 2HCl = SnCl^2 + H^2$$

Pour caractériser Sn, on ajoute à la liqueur $HgCl^2$ qui donnera, suivant les proportions, un précipité blanc de calomel ou gris de Hg :

$$SnCl^2 + 2HgCl^2 = SnCl^4 + Hg^2Cl^2$$
$$SnCl^2 + Hg^2Cl^2 = SnCl^4 + 2Hg.$$

Pour caractériser Sb, on chauffe, ce qui ne s'est pas dissous dans HCl avec HCl et ClO^3K, ce qui donne Cl :

$$KClO^3 + 6HCl = KCl + 3H^2O + 6Cl$$

et, par conséquent :

$$Sb + 3Cl = SbCl^3$$

puis, en faisant passer H^2S, on aura le précipité orangé caractéristique de Sb^2S^3 :

$$2SbCl^3 + 3H^2S = Sb^2S^3 + 6HCl$$

Recherche de As, Au et Pt. En arrosant avec AzH^4OH le mélange de As^2S^3, Au^2S^3 et PtS^2, elle laissera ces deux derniers et dissoudra le premier en formant de l'arsenite et du sulfoarsénite d'ammonium :

$$As^2S^3 + 6AzH^4OH = AsO^3(AzH^4)^3 + AsS^3(AzH^4)^3 + 3H^2O$$

puis, quand on saturera AzH^4OH par HCl, on aura un précipité jaune de As^2S^3 :

$$AsO^3(AzH^4)^3 + AsS^3(AzH^4)^3 + 6HCl = As^2S^3 + 6AzH^4Cl + 3H^2O$$

Métaux de la troisième famille Hg, Cu, Bi, Cd, Pb.

Le précipité des sulfures de la troisième famille peut donc contenir : HgS, CuS, Bi^2S^3, CdS et PbS. En le chauffant avec AzO^3H, HgS ne sera pas attaqué, tandis que les autres se transformeront en azotates solubles. Par exemple :

$$\begin{cases} CuS + 2AzO^3H = Cu(AzO^3)^2 + H^2S \\ Bi^2S^3 + 6AzO^3H = 2Bi(AzO^3)^3 + 3H^2S \end{cases}$$

avec séparation de soufre à cause de la réaction :

$$2AzO^2OH + H^2S = 2AzO^2 + 2HOH + S.$$

Recherche de Pb. Est basée sur ce que SO^4Pb est insoluble dans l'eau, surtout en présence d'alcool. On aura donc par addition de SO^4H^2 à la liqueur azotique :

$$(AzO^3)^2\,Pb + SO^4H^2 = SO^4Pb + 2AzO^3H$$

Si, après avoir filtré le précipité de SO^4Pb, on ajoute, à la liqueur, AzH^4OH, elle précipite d'abord Bi, Cu, Cd à l'état d'hydrates :

$$Bi\,(AzO^3)^3 + 3AzH^4OH = Bi(OH)^3 + 3AzO^3AzH^4$$
$$Cu\,(AzO^3)^2 + 2AzH^4OH = Cu(OH)^2 + 2AzO^3AzH^4$$
$$Cd\,(AzO^3)^2 + 2\,AzH^4OH = Cd(OH)^2 + 2AzO^3AzH^4$$

Mais $Cu(OH)^2$ et $Cd\,(OH)^2$ se redissolvent dans un excès de AzH^4OH tandis que $Bi(OH)^3$ y restera insoluble. En se dissolvant dans AzH^4OH, $Cu(OH)^2$ donnera une liqueur bleue (eau céleste).

Pour chercher Cd, on fait ensuite passer H^2S dans la solution ammoniacale, ce qui donnera le précipité jaune caractéristique de CdS :

$$Cd(OH)^2 + H^2S = CdS + 2H^2O.$$

Mais, s'il y a Cu, on a aussi :

$$Cu(OH)^2 + H^2S = CuS + 2H^2O$$

et la couleur noire de CuS masquerait celle de CdS : il faut donc empêcher la formation de CuS. Pour cela, on ajoute KCy qui fait disparaître la couleur bleue en formant un cyanure double $CuCy^2K$ où, à cause de la formation de l'ion complexe $CuCy^2$, Cu est masqué à ses réactions et, par conséquent, ne précipite pas par H^2S.

Recherche de Hg. HgS resté insoluble est dissous dans l'eau régale :

$$AzO^2OH + HCl = AzO^2 + H^2O + Cl$$

et, par conséquent :

$$HgS + Cl^2 = HgCl^2 + S$$

puis, pour caractériser Hg :

1° on met une goutte de liqueur sur une lame de Cu qui blanchit, par formation d'amalgame :

$$Cu + HgCl^2 = Hg + CuCl^2$$

2° on ajoute, à un essai, AzH^4OH qui donne un précipité blanc de chloro-amidure mercurique :

$$Hg\begin{matrix}\diagup Cl\\ \diagdown Cl\end{matrix} + AzH^3 = HCl + Hg\begin{matrix}\diagup Cl\\ \diagdown AzH^2\end{matrix}$$

3° à un troisième essai, on ajoute KI qui donne d'abord un rouge précipité d'iodure mercurique :

$$HgCl^2 + 2KI = HgI^2 + 2\,KCl$$

puis le redissout en formant un iodomercurate $HgI^2\,2KI$.

Quatrième famille Fe, Al, Cr.

Pour la recherche des métaux de la quatrième famille, on ajoute d'abord AzO^3H pour peroxyder le fer :

$$FeCl^2 + 6HCl + 2AzO^3H = 6FeCl^3 + 4H^2O + 2AzO$$

et permettre sa précipitation, à l'état de Fe(OH), par AzH^4OH ; sinon, il resterait avec les métaux de la cinquième famille. Puis, on ajoute AzH^4Cl, pour empêcher la précipitation par AzH^4OH, des métaux de la cinquième famille et aussi de $Mg(OH)^2$, et enfin AzH^4OH qui précipite Fe, Al et Cr à l'état d'hydrates :

$$FeCl^3 + 3AzH^4OH = 3AzH^4Cl + Fe(OH)^3$$
$$AlCl^3 + 3AzH^4OH = 3AzH^4Cl + Al(OH)^3$$
$$CrCl^3 + 3AzH^4OH = 3AzH^4Cl + Cr(OH)^3.$$

Recherche de Fe. Se fait en dissolvant un peu du précipité dans HCl, ce qui donne :

$$Fe(OH)^3 + 3HCl = FeCl^3 + 3H^2O$$

puis, ajoutant Cy^6FeK^4 qui donne un précipité de bleu de Prusse :

$$3Cy^6FeK^4 + 4Fe'''Cl^3 = 12KCl + Cy^6Fe)^3\ Fe'''^4.$$

Recherche de Al. En faisant bouillir le reste du précipité avec KOH, $Al(OH)^3$ se dissout avec formation d'aluminate :

$$Al(OH)^3 + 3KOH = 3H^2O + Al(OK)^3,$$

tandis que $Cr(OH)^3$ reste insoluble par suite de l'hydrolyse du chromite $Cr \begin{cases} OK \\ (OH)^2 \end{cases}$ formé d'abord à froid. Par conséquent, en filtrant, on a une solution de $Al(OK)^3$ et un résidu où reste Cr. — Pour caractériser Al, on ajoute à la solution PO^4Na^2H qui le transforme en phosphate :

$$Al(OK)^3 + PO^4Na^2H + 2H^2O = PO^4Al + 2NaOH + 3KOH$$

mais PO^4Al étant soluble dans les alcalis ne précipitera pas, mais bien en ajoutant CH^3CO^2H qui les neutralise, et dans lequel PO^4Al est insoluble.

Recherche de Cr. Si maintenant on fait bouillir la partie insoluble dans KOH avec KOH et PbO^2, $Cr(OH)^3$ se transformera en CrO^4Pb :

$$Cr^2O^3 + 3PbO^2 = 2CrO^4Pb + PbO$$

soluble dans KOH, mais insoluble dans CH^3 CO^2H, et qui, par conséquent, précipitera avec sa couleur jaune caractéristique quand on ajoutera celui-ci.

Cinquième famille Zn, Mn, Ni, Co.

En ajoutant à la liqueur $(AzH^4)^2S$, on précipitera ces 4 métaux sous forme de sulfurés, par exemple :

$$ZnCl^2 + (AzH^4)^2S = 2\ AzH^4Cl + ZnS.$$

On aura donc un mélange de ZnS, MnS, NiS, CoS : si on chauffe avec HCl étendu, les deux premiers se dissolvent :

$$ZnS + 2HCl = ZnCl^2 + H^2S$$
$$MnS + 2HCl = MnCl^2 + H^2S.$$

Par conséquent en filtrant on aura une solution contenant $MnCl^2$ et $ZnCl^2$ et un résidu formé par NiS et CoS.

Recherche de Mn et de Zn. On y ajoute NaOH, ce qui les précipite d'abord sous forme d'hydrates :

$$MnCl^2 + 2NaOH = 2\ NaCl + Mn(OH)^2$$
$$ZnCl^2 + 2NaOH = 2\ NaCl + Zn(OH)^2$$

mais comme $Zn(OH)^2$ est un hydrate indifférent, il se redissoudra dans l'excès de NaOH avec formation de zincate :

$$Zn(OH)^2 + 2NaOH = Zn(ONa)^2 + 2H^2O$$

tandis que $Mn(OH)^2$ restera insoluble. Un précipité, par NaOH en excès, indiquera donc Mn, mais il est nécessaire de le vérifier par voie sèche, car, si on a pris HCl trop concentré, on dissout aussi un peu de CoS :

$$CoS + 2HCl = COCl^2 + H^2S$$

donnant par NaOH :

$$COCl^2 + 2NaOH = 2NaCl + Co(OH)^2$$

ce qui pourrait faire croire à la présence de Mn.

Si on chauffe un composé quelconque de Mn avec CO^3K^2 et ClO^3K, il se forme MnO^4K^2 :

$$KClO^3 = KCl + 3O$$

$MnO + K^2O + 2O = MnO^4K^2$ de couleur verte intense et caractéristique, très sensible. Puis, si, dans la liqueur qui renferme $Zn(ONa)^2$, on dirige H^2S, on a un précipité blanc de ZnS :

$$Zn(ONa)^2 + 2H^2S = ZnS + Na^2S + 2H^2O.$$

Recherche de Co et de Ni. En dissolvant le résidu de NiS et de CoS dans l'eau régale, ils se transforment en chlorures.

$$AzO^2OH + HCl = AzO^2 + H^2O + Cl$$
$$CoS + Cl^2 = CoCl^2 + S$$

Pour caractériser Co, on ajoute à une partie de la liqueur NaOH pour neutraliser les acides minéraux libres en présence desquels le précipité de Co ne pourrait se former ; puis CH^3COOH, qui dissout le précipité d'hydrates formé par NaOH et intervient, en outre, dans la réaction : et enfin AzO^2K qui donne un précipité jaune d'azotite double de CO''' et de K. On a d'abord de l'azotite cobalteux :

$$CoCl^2 + 2AzO^2K = 2KCl + Co''(AzO^2)^2$$

puis :

$$CH^3CO^2H + AzO^2K = CH^3CO^2K + AzOOH$$

soit :

$$2AzOOH = Az^2O^3H^2O$$

et on a, par suite :

$$(AzO^2)^2 Co + Az^2O^3 = (AzO^2)^3Co + AzO$$

et par conséquent :

$$(AzO^2)^3Co + 3 AzO^2K = CO(AzO^2)^6 K^3$$

Pour Ni, on ajoute, à une autre partie de la solution, de l'acide tartrique pour empêcher la précipitation des hydrates par NaOH, puis NaOH qui met en liberté $Co(OH)^2$ et $Ni (OH)^2$ restant dissous grâce à $C^4H^6O^6$, et on sature par H^2S qui les transforme en sulfures. CoS précipite, tandis que NiS restera dissous, et, par conséquent, si on filtre, on aura une liqueur noire.

Métaux de la sixième famille Ba. Sr. Ca.

$CO^3(AzH^4)^2$ les précipites sous forme de carbonates :

$$BaCl^2 + CO^3(AzH^4)^2 = CO^3Ba + 2AzH^4Cl$$

puis, en traitant le précipité par HCl, ils se redissolvent à l'état de chlorures :

$$CO^3Ba + 2HCl = BaCl^2 + CO^2 + H^2O$$

On a donc une solution qui peut contenir $BaCl^2$, $SrCl^2$, $SrCl^2$.

Recherche de Ba. Est basée sur l'insolubilité de SO^4Ba qui précipite de suite quand on ajoute SO^4Ca :

$$BaCl^2 + SO^4Ca = SO^4Ba\downarrow + CaCl^2.$$

Recherche de Sr. Repose aussi sur la faible solubilité de SO^4Sr. On aura donc :

$$SO^4Ca + SrCl^2 = SO^4Sr\downarrow + CoCl^2$$

et comme SO^4Sr est moins soluble à chaud qu'à froid, on chauffe pour activer sa formation.

Avant la réaction, il faut éliminer l'excès de HCl en évaporant à sec, puis en reprenant par l'eau parce que la présence de HCl augmente la solubilité de SO^4Sr et rend, par conséquent, la réaction incertaine.

Mais s'il y a Ba, il faut d'abord l'éliminer, puisqu'il précipite aussi par SO^4Ca. Pour cela, on ajoute à la liqueur $Cr^2O^7K^2$ qui donnera d'abord :

$$BaCl^2 + Cr\,O^7K^2 = 2KCl + Cr^2O^7Ba \text{ soluble.}$$

Celui-ci plus stable se dédoublera :

$$Cr^2O^7Ba = CrO^4Ba\downarrow + CrO^3$$

jusqu'à ce qu'il y ait assez de CrO^3 pour empêcher ce dédoublement, aussi la précipitation de Ba restera incomplète. Pour la compléter on ajoutera AzH^4OH :

$$Cr^2O^7Ba + 2AzH^4OH = CrO^4Ba\downarrow + CrO^4(AzH^4)^2 + H^2O$$

On pourra donc chercher ensuite Sr par SO^4Ca — (des 3 alcalino-terreux, seul Ba précipite par $Cr^2O^7K^2$, ce qui confirmera en outre sa présence).

Recherche de Ca. Est basée sur ce que SO^4Ca est bien plus soluble que SO^4Ba et SO^4Sr. Par conséquent, si on ajoute à une solution de $BaCl^2$, $SrCl^2$, $CaCl^2$, un excès de SO^4H^2 qui les transformera en sulfates, Ba et Sr seront totalement précipités, tandis qu'il restera SO^4Ca dans la liqueur, et il pourra être caractérisé par le précipité qu'il donne avec $\begin{matrix} CO^2AzH^4 \\ | \\ CO^2AzH^4 \end{matrix}$

$$SO^4Ca + \begin{matrix} CO^2AzH^4 \\ | \\ CO^2AzH^4 \end{matrix} = \begin{matrix} CO^2 \\ | \\ CO^2 \end{matrix}\Big> Ca + SO^4(AzH^4)^2$$

mais, comme $\begin{matrix} CO^2 \\ | \\ CO^2 \end{matrix}\Big> Ca$ est soluble dans les acides minéraux libres, il faut, pour avoir le précipité, ajouter AzH^4OH pour les neutraliser.

Métaux de la septième famille Mg. K. Na. Li.

La recherche de Mg repose sur sa précipitation à l'état de phosphate ammoniaco-magnésien, par PO^4Na^2H en présence de AzH^4Cl et de AzH^4OH.

$$PO^4Na^2H + AzH^4OH = H^2O + PO^4Na^2AzH^4$$
$$PO^4Na^2AzH^4 + MgCl^2 = 2NaCl + PO^4MgAzH^4$$

AzH^4Cl servant à empêcher la précipitation de $Mg(OH)^2$ par AzH^4OH, — le précipité restant facilement en sursaturation, — il faut agiter pour favoriser la précipitation, surtout si la liqueur est étendue.

Recherche de K. Est basée sur la faible solubilité du picrate de potassium, mais comme le picrate d'ammonium est aussi peu soluble, il faut d'abord éliminer les sels ammoniacaux par calcination.

Recherche de Na. Est basée sur la faible solubilité du pyroantimoniate acide de Na : $Sb^2O^7Na^2H^2$, mais s'il y a des acides libres ils donneront, avec $Sb^2O^7K^2H^2$ un précipité de SbO^3H

$$Sb^2O^7K^2H^2 + 2HCl = 2KCl + H^2O + 2SbO^3H$$

Ils devront donc être éliminés par évaporation.

Recherche de Li. Repose sur la faible solubilité de

$$PO^4Li^3.$$

Mg, précipitant aussi par $Sb^2O^7K^2H^2$ et par PO^4Na^2H, doit être éliminé avant la recherche des alcalis, ce qui se fait par $Ba(OH)^2$, $Mg(OH)^2$ étant peu soluble :

$$MgCl^2 + Ba(OH)^2 = Mg(OH)^2 + BaCl^2,$$

Mais, s'il y a des sels ammoniacaux, il faut les éliminer d'abord, puisqu'ils empêchent la précipitation de $Mg(OH)^2$.

De même, les acides libres qui neutraliseraient d'abord $Ba(OH)^2$ et empêcheraient jusque là son action.

RECHERCHE D'UN MELANGE D'ACIDES

Les acides se divisent en 3 familles :

1° Ceux qui, au moins en liqueur *neutre*, précipitent par $(AzO^3)^2 Ba$:

$$CO^2.\ SO^2.\ S^2O^2.\ B^2O^3.\ SO^3.\ P^2O^5.\ \begin{matrix} CO^2H \\ | \\ CO^2H \end{matrix}.\ S^2O^2.\ HFl\ —$$

$$—\ As^2O^3.\ As^2O^5\ —\ CrO^3$$

2° Ceux qui ne précipitent pas par $Ba(AzO^3)^2$, mais précipitent par AzO^3Ag en liqueur acide :
HCy. CySH. Cy^6FeH^4. Cy^6FeH^3 — HCl. HBr. HI — H^2S

3° Ceux qui ne précipitent ni par $Ba(AzO^3)^2$, ni par AzO^3Ag : Az^2O^5. Cl^2O^5.

Pour plus de facilité, on forme un 1er groupe avec les acides qu'on peut trouver aisément sur la liqueur primitive (*Le rang des groupes précédents est donc en pratique augmenté d'une unité*).

Premier groupe

1° A un essai de LP (liqueur primitive), ajouter HCl : dégagement de gaz inodore, troublant l'eau de chaux : *CO^2*

2° A un essai de LP, ajouter HCl et chauffer ; dégagement de gaz d'odeur de S qui brûle : *SO^2*

On reçoit ce gaz dans $BaCl^2$, on ajoute de l'eau de brome qui donne un précipité de SO^4Ba).

S'il y a en même temps, dans la liqueur primitive employée, un précipité de soufre : *S^2O^2*

3° A un essai de LP, ajouter HCl et chauffer ; dégagement de H^2S noircissant le papier plombique : *H^2S*

4° Un essai de LP chauffé avec CH^3OH et SO^4H^2 dégage des vapeurs brûlant avec flamme verte : *B^2O^3*

5° A un essai de LP, ajouter HCl et $BaCl^2$; précipité : *SO^3*

6° A un essai de LP, ajouter SO^4H^2 étendu.

Dégagement de Cl (vérifier qu'on a un hypochlorite) : *Cl^2O*

Dégagement de vapeurs nitreuses : *Az^2O^3*

7° A un essai de LP ajouter Cu et SO^4H^2, chauffer ; dégagement de vapeurs nitreuses : *Az^2O^5*

N.-B. — S'il y a un *hyposulfite* et qu'il n'y ait pas contre-indication (cyanures, nitrates, chlorates), il est bon, mais non indispensable, de le détruire :

1° en *chauffant* LP *avec* HCl, filtrant S précipité et cherchant dans la liqueur :

a) les bases,

b) les acides de la 2e famille.

2° par *calcination* de LP ou du sel, puis reprenant par H^2O et cherchant dans la liqueur HCl, HBr, HI.

On éliminera de même SO^2 par ébullition avec HCl.

Recherche des acides suivants.

Pour chercher les acides suivants, il faut, s'il y a d'autres bases que les alcalis, commencer par les *éliminer*. Pour cela, à LP ou au sel, on ajoute un excès de CO^3Na^2, on fait bouillir, on filtre ; puis on ajoute, goutte à goutte, à la liqueur, AzO^3H jusqu'à réaction nettement acide (mais sans en mettre un excès,) pour décomposer l'excès de CO^3Na^2, et on porte à l'ébullition pour chasser CO^2.

Deuxième groupe

A un essai de la liqueur obtenue (LA) on ajoute $(AzO^3)^2Ba$, puis, si la liqueur est acide, AzH^4OH (sans en mettre un trop grand excès).

S'il n'y a rien, on passe à III.

S'il y a un précipité, on opère de même sur toute la liqueur. On filtre, on garde la liqueur pour III. On lave bien le précipité et on l'entraîne dans un verre.

1° On dissout un essai du précipité dans AzO^3H, on ajoute du molybdate d'ammoniaque, on chauffe ; précipité jaune : ***P^2O^5***

2° On dissout un essai du précipité dans le moins possible de HCl et on verse dans un mélange de

$$\left\{\begin{array}{l} \text{3 volumes de } CH^3CO^2Na \\ \text{1 volume de } CaCl^2 \end{array}\right.$$

précipité, insoluble de CH^3CO^2H : ***$\begin{array}{l} CO^2H \\ | \\ CO^2H \end{array}$***

(*on le vérifie comme il est dit pour les sels insolubles*).

3° Un essai de précipité (ou de LA) est dissous dans HCl. On évapore à sec, on reprend par HCl et par H^2O ; il reste un résidu insoluble : *SiO^2*

4° Un essai du précipité dégage par SO^4H^2 des vapeurs attaquant le verre : *HFl*

N.-B. — S'il y a SO^4H^2, il n'est pas mauvais de l'éliminer en ajoutant $AzO^3)^2Ba$ à la liqueur franchement acidulée, filtrant, et ajoutant AzH^4OH qui précipite les autres acides dont les sels de Ba sont solubles dans AzO^3H.

Troisième groupe

A un essai de la liqueur, on ajoute AzO^3H et AzO^3Ag : S'il y a un précipité, il y a des acides de la 3° famille.

PREMIER CAS : IL N'Y A PAS DE CYANURES

A un essai, on ajoute AzO^3H, puis CS^2 et de l'eau de chlore, on agite ;

CS^2 ne se colore pas (vérifier par MnO^2 et SO^4H^2) : *HCl*
CS^2 se colore en jaune brun rougeâtre : *HBr*

CS^2 { se colore en violet : *HI*
si en continuant d'ajouter de l'eau de chlore, la coloration violette vire au jaune brun, il y a aussi : *HBr*

Recherche de HCl en présence de HBr ou de HI.

1° (*manque parfois en présence des iodures*).

Mêler le sel sec avec un excès de $Cr^2O^7K^2$ et distiller

avec SO^4H^2 en recevant les vapeurs dans AzH^4OH; celle-ci se colore en jaune par suite de la formation de CrO^2Cl^2 et, par conséquent, de $CrO^4(AzH^4)^2$: *HCl*

2° Par le *réactif de Villiers et Fayolle* (mélange de solutions aqueuses d'aniline, d'orthotoluidine et de CH^3CO^2H).

Distiller 10 c. c. de liqueur avec { 10 c. c. SO^4H^2 à moitié
10 c. c. MnO^4K saturé

en recevant dans le réactif, I reste à l'état de : IO^3H

{ Br donne dans le réactif un précipité blanc
Cl une coloration bleu-violacée.

3° *préférable* : à 10 centimètres cubes de liqueur, ajouter 10 centimètres cubes SO^4H^2, 1 centimètre cube $Cr^2O^7K^2$ saturé, chauffer à ébullition, souffler avec un tube recourbé pour chasser Br et I; ajouter au liquide refroidi 1 centimètre cube de MnO^4K saturé et chauffer, dégagement de Cl : *HCl*

DEUXIÈME CAS : IL Y A DES CYANURES

Recherche des cyanures

Sur la liqueur débarrassée des métaux lourds par CO^3Na^2, puis de l'excès de celui-ci par un petit excès de CH^3CO^2H et bouillie pour chasser CO^2

A un essai, on ajoute :

$FeCl^3$ { coloration rouge, soluble dans l'éther : *CySH*
précipité bleu. Dans un autre essai SO^4Cu
donne un précipité marron : *Cy^6FeH^4*

S'il y a un précipité par $FeCl^3$, on le filtre ; s'il n'y a rien par $FeCl^3$, on continue sur un autre essai. On ajoute HCl et SO^4Fe ; précipité bleu : *Cy^6FeH^3*

S'il y a un précipité par SO^4Fe, on le filtre ; s'il n'y a rien, on continue sur un autre essai. On ajoute de l'acide picrique ; on chauffe, coloration rouge : *HCy*

Recherche de H Cl, HBr, HI en présence des cyanures.

A un essai, on ajoute AzO^3H, s'il y a des acides des groupes précédents, puis AzO^3 Ag pour précipiter tous les acides de la 3e famille, on filtre. On lave bien le précipité. On le chauffe au rouge pour détruire les cyanures. On ajoute Zn et SO^4H^2 étendu qui remettent les autres acides en liberté (par exemple $2AgCl + Zn = ZnCl^2 + 2Ag$). On chauffe doucement et on filtre. A un essai, on ajoute AzO^3H et AzO^3Ag ; s'il y a un précipité, il y a d'autres acides que ceux du cyanogène, et on les cherche comme précédemment dans le reste de la liqueur.

Quatrième groupe

Recherche de Cl^2O^5.

A un essai de LP, on ajoute un excès de AzO^3Ag. On filtre, on ajoute au liquide un excès de CO^3Na^2, pour précipiter l'excès d'Ag. On filtre, on évapore à sec, et on chauffe au rouge. On reprend par l'eau, on ajoute AzO^3H puis AzO^3Ag ; précipité de AgCl : *Cl^2O^5*

Groupe spécial

Acides métalliques. — On donne le nom d'acides métalliques aux composés oxygénés de As(As^2O^3, As^2O^5), qui étant un métalloïde ne peut jamais se trouver à l'état de base, et aux dérivés suroxydés de quelques métaux (SnO^2. Sb^2O^5. CrO^3. Mn^2O^7). On reconnait que ces métaux sont à l'état d'acides à ce qu'ils ne précipitent pas par les carbonates alcalins, par exemple par CO^3Na^2.

1° *Action de* H^2S *sur les acides métalliques* :

Quand on fait passer H^2S dans LP additionnée de HCl, les composés de As. Sn. Sb précipitent sans présenter rien de spécial.

CrO^3 est réduit à l'état de Cr^2O^3 avec mise en liberté de S

$$2CrO^3 + 3H^2S = Cr^2O^3 + 3H^2O + 3S$$

S'il y a peu de HCl, on aura donc un précipité plus ou moins vert, mélange de S et de Cr^2O^3, mais si HCl est en excès, on aura ensuite :

$$Cr^2O^3 + 6HCl = 2CrCl^3 + 3H^2O$$

On n'a donc alors qu'un précipité de S, et la liqueur, qui, avant l'action de H^2S, était rougeâtre, filtrera verte, ce qui est caractéristique des *chromates*. De plus, Cr est ramené à l'état de sel chromique : il pourra donc être ensuite trouvé dans la liqueur comme d'ordinaire et pourra en outre en être précipité par CO^3Na^2 :

$$2CrCl^3 + 3CO^3Na^2 + 3H^2O = 6NaCl + 3CO^2 + 2Cr(OH)^3 \downarrow$$

ce qui était impossible tant qu'il était à l'état de chromate.

Avec un *permanganate,* Mn est de même ramené à l'état de sel manganeux :

$$Mn^2O^7 + 5H^2S + 4HCl = 7H^2O + 5.S + 2MnCl^2$$

et en continuant l'analyse de la liqueur traitée par H^2S, on y trouvera comme d'ordinaire Cr et Mn ;

2° Pour la recherche des acides ordinaires, il faut éliminer d'abord ces acides métalliques dont la présence compliquerait la méthode. De plus, As^2O^5 précipite, comme P^2O^5, par le molybdate d'ammoniaque. *Donc,* si on a un précipité par H^2S et s'il contient As. Sn et Sb (à l'état d'acide dans LP), si le virage au vert de la liqueur qui était rougeâtre, au moins après l'addition de HCl, si la teinte caractéristique des permanganates montrent la présence de CrO^3 ou de Mn^2O^7, c'est sur une *partie de la solution traitée par* H^2S *puis bouillie* qu'il faut opérer pour chercher les autres acides.

Marche pratique

En pratique, on ne précipite de suite les bases lourdes par CO^3Na^2, en vue de la recherche des acides, que s'il n'y a rien par H^2S.

S'il y a *un précipité par* H^2S, et qu'on trouve As^2O^3. As^2O^5 (SnO^2. Sb^2O^5) ou si on soupçonne la présence de CrO^3, Mn^2O^7, on met en réserve, pour la recherche des acides, une partie de la liqueur traitée par H^2S. Avant d'y chercher les acides, on précipitera, *s'il y a lieu,* Cr, Mn et les autres métaux, par CO^3Na^2 ; puis on traitera comme d'ordinaire par AzO^3H (si on a employé CO^3Na^2) puis par $Ba(AzO^3)^2$ et AzH^4OH.

REMARQUE

Dans la recherche des acides de la 3e famille, ne pas oublier qu'on ajoute HCl à LP avant d'y faire passer H^2S. Il faut donc, si les essais préliminaires ont montré la présence de ceux-ci, un essai spécial pour HCl. *Le mieux* est alors de précipiter les acides de la 3e famille par AzO^3Ag à l'état de sels d'Ag, puis de les régénérer. On acidule *fortement* un essai de LP par AzO^3H, on ajoute un bon excès de AzO^3Ag, on filtre. On lave *soigneusement* ce précipité jusqu'à ce que l'eau de lavage ne précipite plus par HCl, puis on le traite par Zn et SO^4H^2 étendu. On filtre, et on cherche dans le liquide HCl, HBr, HI.

EXPLICATION DE LA MARCHE DES ACIDES

Première Famille.

La 1re *famille* comprend les acides faciles à trouver par quelques réactions simples sur la liqueur primitive, et d'abord les acides, dits *volatils*, mis en liberté par action de HCl ou de SO^4H^2 :

A) **Par HCl :**

1° **Les carbonates** dégagent, généralement avec effervescence, CO^2. Par exemple :

$$CO^3K^2 + 2HCl = 2KCl + H^2O + CO^2\uparrow ;$$

2° **Les sulfites** donnent de même SO^2, mais, comme il est bien plus soluble que CO^2, il faudra chauffer pour le dégager et pouvoir le reconnaître à son *odeur*. Sa vérification repose sur sa transformation en SO^4H^2 par Br en présence de l'eau

$$SO^2 + 2H^2O + Br^2 = SO^4H^2 + 2H\,Br$$

par conséquent, en présence de $BaCl^2$, on aura ensuite :

$$SO^4H^2 + BaCl^2 = SO^4Ba\downarrow + 2HCl$$

On peut employer d'autres réactions :

a) le recevoir dans H^2O, puis ajouter à celle-ci MnO^4K qui serait décoloré (voir le cours) ;

b) le faire arriver sur un papier amidonné et iodaté qui bleuit par suite de la mise en liberté d'I ;

$$I^2O^5K^2O + 5SO^2 + 4H^2O = I^2 + 2SO^4HK + 3SO^4H^2.$$

Si au lieu d'un sulfite, on a un *hyposulfite*, on a, en même temps que le dégagement de SO^2, un précipité de S, par suite du dédoublement de $S^2O^3H^2$, mis en liberté, et qui est peu stable, surtout à *chaud* :

$$S^2O^2.H^2O = H^2O + SO^2\uparrow + S\downarrow$$

3° **Les sulfures** donnent H^2S. Par exemple :

$$AzH^4)^2S + 2HCl = 2AzH^4Cl + H^2S\uparrow.$$

B) 4° $\mathbf{BO^3H^3}$ = $B^2O^3.3H^2O$ donne avec CH^3OH du borate de méthyle, volatil, et dont les vapeurs sont combustibles avec flamme verte :

$$BO^3H^3 + 3CH^3OH = B(OCH^3)^3 + 3H^2O ;$$

5° La recherche de SO^4H^2 repose sur ce qu'il donne par $BaCl^2$, un précipité de SO^4Ba insoluble dans les acides et, par suite, dans HCl ;

6° Celle des *hypochlorites* sur ce que, par suite de la présence des chlorures qui les accompagnent, ils dégagent Cl par tous les acides. On a, en effet, par exemple :

$$NaClO + SO^4H^2 = SO^4NaH + ClOH$$

$$NaCl + SO^4H^2 = SO^4NaH + HCl$$

et, par suite :

$$ClOH + HCl = H^2O + Cl^2.$$

Il est nécessaire de vérifier, parce qu'un mélange de chlorate et de chlorure, donne de même un dégagement de Cl :

$$ClO^3H + 5HCl = 3H^2O + 6Cl$$

mais on reconnait facilement les hypochlorites :

a) à l'odeur ;

b) à leur propriété de décolorer le tournesol ;

c) de donner avec les sels de Mn un précipité brun de MnO^2.

Les chlorates dégagent aussi Cl par HCl.

7° Quand on traite un azotate par SO^4H^2, il y a mise en liberté de AzO^3H ; par exemple :

$$SO^4H^2 + AzO^3K = SO^4KH + AzO^3H,$$

et celui-ci, en présence de Cu, donne AzO qui se transforme ensuite en AzO^2 au contact de l'air

$$3Cu + 8AzO^3H = 3Cu(AzO^3)^2 + 4H^2O + 2AzO$$
$$AzO + O = AzO^2.$$

Les *azotites* dégagent des vapeurs nitreuses, sous la seule action des acides, à cause de l'instabilité de : AzO^2H ou $Az^2O^3.H^2O$:

$$Az^2O^3 = AzO + AzO^2 ; 3AzO^2H = AzO^3H + H^2O + 2AzO.$$

N.-B.

1° A cause du précipité de S que donnent les *hyposulfites* par les acides, ils sont assez gênants ; aussi il est commode, mais non indispensable, de s'en débarrasser. Ils sont détruits par calcination :

$$4S^2O^3Na^2 = 3SO^4Na^2 + Na^2S^5$$

puis Na^2S^5 brûle en donnant SO^4Na^2 et SO^2 (On remarquera que pendant cette calcination, le sel prend une coloration plus ou moins bleu-pourprée), mais s'il y avait un azotate, ou un chlorate, il y aurait une explosion.

2° L'odeur de HCl pouvant gêner pour reconnaître celle de SO^2 ou H^2S, on pourra le remplacer par SO^4H^2 étendu.

Deuxième Famille.

La présence des bases lourdes pouvant amener des précipités anormaux, il faut s'en débarrasser par ébullition du sel avec CO^3Na^2, ce qui transforme les acides en sels de Na. Par exemple :

$$BaCl^2 + CO^3Na^2 = CO^3Ba\downarrow + 2NaCl.$$

Les bases sont donc précipitées à l'état de carbonates qui sont tous insolubles, sauf les carbonates alcalins. Les sels insolubles sont aussi attaqués par CO^3Na^2. Par exemple :

$$\left.\begin{matrix} CO^2 \\ | \\ CO^2 \end{matrix}\right> Ba + CO^3Na^2 = CO^3Ba + \begin{matrix} CO^2Na \\ | \\ CO^2Na \end{matrix}$$

ce qui permet de transformer l'acide d'un sel insoluble en sel de Na soluble.

Il faut ensuite ajouter AzO^3H pour détruire l'excès de CO^3Na^2, car il donnerait ensuite par $(AzO^3)^2Ba$ un précipité de CO^3Ba [$CO^3Na^2 + (AzO^3)^2Ba = CO^3Ba\downarrow + 2AzO^3Na$], qui pourrait faire croire à la présence d'un acide de la 2° famille, alors qu'il n'y en aurait pas.

C'est pour la même raison qu'il faut ensuite chasser CO^2 par ébullition, car il donnerait, quand on ajoutera AzH^4OH, naissance à $CO^3(AzH^4)^2$, et on aurait

$$CO^3(AzH^4)^2 + Ba(AzO^3)^2 = CO^3Ba\downarrow + 2AzO^3AzH^4$$

Traitement du précipité barytique

1° La recherche de P^2O^5 repose sur ce qu'il donne à chaud, avec le molybdate d'ammoniaque, un précipité jaune, de phosphomolybdate d'ammoniaque, insoluble dans AzO^3H ;

2° Quand on dissout $\left.\begin{matrix}CO^2\\|\\CO^2\end{matrix}\right>Ba$ dans HCl, $\begin{matrix}CO\ H\\|\\CO^2H\end{matrix}$ est mis en liberté. Avec $CaCl^2$, il tend à donner :

$$\begin{matrix}CO^2H\\|\\CO^2H\end{matrix} + CaCl^2 = 2HCl + \left.\begin{matrix}CO^2\\|\\CO^2\end{matrix}\right>Ca,$$

qui ne peut alors précipiter, puisqu'il est soluble dans HCl, mais comme on met, en même temps, CH^3CO^2Na, ce qui donne

$$CH^3CO^2Na + HCl = NaCl + CH^3CO^2H$$

et que $\left.\begin{matrix}CO^2\\|\\CO^2\end{matrix}\right>Ca$ est insoluble dans CH^3CO^2H, il pourra donc se former.

On vérifie la présence de $\begin{matrix}CO^2H\\|\\CO^2H\end{matrix}$ en se basant sur ce que : les oxalates *a*) en liqueur acide, dégagent CO^2 par MnO^2, par exemple :

$$\begin{array}{l}COOH\\ |\\ COOH\end{array} + MnO^2 + 2HCl = MnCl^2 + 2H^2O + 2CO^2$$

b) dégagent à chaud, par SO^4H^2, CO combustible avec une flamme bleue :

$$\begin{array}{l}COOH\\ |\\ COOH\end{array} = CO + CO^2 + H^2O$$

3° SiO^2, mise en liberté par action de HCl sur les silicates, devient insoluble par calcination et restera donc quand on reprend ensuite par HCl, qui dissout les bases, et par H^2O.

4° On sait que HFl, mis en liberté par action sur les fluorures de SO^4H^2, a la propriété d'attaquer le verre (voir dans le cours d'autres réactions de HFl).

Troisième Famille.

1er cas, en l'absence des cyanures : Recherche de HCl, HBr, HI.

L'addition d'eau de chlore à un chlorure, ne peut évidemment rien donner.

Avec un bromure, il y a mise en liberté de Br (KBr + Cl = KCl + Br) qui se dissoudra dans CS^2 avec coloration jaune brun ± rougeâtre. Un *iodure* donnera de même I (KI + Cl = KCl + I) soluble en violet dans CS^2.

S'il y a en même temps un bromure et un iodure, Br et I seront tous deux mis en liberté, et la coloration violette, due à I, masquera celle produite par Br, mais, si on continue à ajouter de l'eau de chlore, I disparaît par suite de sa transformation en acide *iodique* due à l'action oxydante de Cl en présence de l'eau :

$$I + 3H^2O + 5Cl = IO^3H + 5HCl$$

et la coloration produite par Br apparaîtra.

N.-B. — On évitera un excès de Cl, car on aurait ensuite :

$$Br + 3H^2O + 5Cl = BrO^3H + 5HCl$$

S'il y a Br *ou* I, il faut évidemment un essai spécial pour Cl, puisqu'on déduisait sa présence de l'absence de coloration produite par CS^2 et l'eau de Cl :

En présence de SO^4H^2, $Cr^2O^7K^2$ met Br et I en liberté. On a d'abord :

$$Cr^2O^7K^2 + 2SO^4H^2 = 2CrO^3 + H^2O + 2SO^4KH$$

$$\text{puis} \begin{cases} 2CrO^3 + 3SO^4H^2 + 6HBr = (SO^4)^3Cr^2 + 6H^2O + 6Br \\ 2CrO^3 + 3SO^4H^2 + 6HI = (SO^4)^3Cr^2 + 6H^2O + 6I \end{cases}$$

Ils seront donc éliminés.

HCl tendrait à former du chlorure de chromyle CrO^2Cl^2

$$CrO^3 + 2HCl = H^2O + CrO^2Cl^2$$

mais à cause de l'action inverse produite par H^2O de la solution, cette réaction ne pourra se faire. HCl restera dans la liqueur. Puis, si on ajoute MnO^4K, on aura :

$$MnO^4K + 8HCl = MnCl^2 + 4H^2O + 6Cl$$

2° Cas, en présence des cyanures : A. Recherche des cyanures

1° $FeCl^3$ donne, avec les *sulfocyanures* une coloration rouge due à la formation de sulfocyanure ferrique, soluble dans l'éther :

$$FeCl^3 + 3CAzSK = 3KCl + Fe(CAzS)^3$$

2° Avec les *ferrocyanures*, un précipité de ferrocyanure ferrique ou Bleu de Prusse. Par exemple :

$$3Cy^6FeK^4 + 4FeCl^3 = 12KCl + Cy^6Fe)^3 Fe^4$$

Les ferrocyanures donnent en outre par SO^4Cu un précipité marron très sensible et caractéristique de ferrocyanure cuivrique :

$$2\ SO^4Cu + Cy^6FeK^4 = 2\ SO^4K^2 + Cy^6FeCu^2$$

3° Les ferricyanures ne précipitent pas par $FeCl^3$, mais donnent avec lui une liqueur brune par suite de la formation de ferricyanure ferrique :

$$Cy^6FeK^3 + Fe''' Cl^3 = 3KCl + Cy^6Fe.Fe'''$$

4° L'acide picrique colore en rouge les cyanures alcalins, par suite de la formation d'isopurpurate de potassium :

$$C^6H^2 \begin{cases} AzO^2)^3 \\ OH \end{cases} + 3KCAz + 2H^2O = AzH^3 + CO^3K^2$$

$$+ C^8H^4K\ Az^5O^6$$

Pour chercher Cl, Br, I en présence de cyanures, il faut d'abord éliminer ceux-ci ; Cl employé pour la recherche de Br et de I agirait d'abord sur eux et on aurait par exemple :

$$Cy^6FeK^4 + Cl^2 = KCl + Cy^6FeK^3$$

Il ne pourrait donc mettre Br ou I en liberté.

Pour les éliminer, on se base sur ce que les cyanures d'argent sont décomposés par la chaleur, tandis que AgCl, AgBr, AgI résistent : si, donc, après avoir précipité tous les acides de la famille par AzO^3Ag, on calcine le précipité, il ne reste que AgCl, AgBr et AgI, puis on en remettra en liberté HCl, HBr, HI en traitant le résidu par Zn et SO^4H^2.

II. La recherche des chlorates repose sur ce que la chaleur les ramène à l'état de chlorures. Ils seront donc alors précipitables par AzO^3Ag, en formant AgCl, tandis qu'auparavant AzO^3Ag ne les précipitait pas puisque le chlorate d'argent est soluble dans l'eau.

SELS INSOLUBLES DANS L'EAU

Quand un sel est insoluble dans l'eau, on cherche à le dissoudre dans HCl : on en met un peu dans un tube à essai, avec de l'eau distillée, on chauffe vers l'ébullition, on ajoute peu à peu HCl, en observant ce qui se passe.

Dégagement de gaz incolore, inodore, troublant l'eau de chaux — CO^2

Dégagement de gaz d'odeur de H^2S, noircissant le papier plombiqué — H^3S

Dégagement de gaz d'odeur de soufre qui brûle — SO^2

Dégagement de gaz d'odeur de soufre et s'il y a en même temps un précipité de soufre — S^2O^2

Dégagement de gaz d'odeur d'amandes amères (attention, toxique) — HCy

Dégagement de gaz d'odeur de Cl, bleuit le papier ioduré et amidonné : *corps oxydant* par exemple MnO^2

Séparation de SiO^2 ± gélatineuse — SiO^2

Dans tous les cas, on filtre bouillant : s'il se forme par refroidissement un précipité blanc cristallin, c'est d'ordinaire $PbCl^2$, facile à reconnaître en le redissolvant dans l'eau chaude et ajoutant KI qui donne alors un précipité jaune caractéristique de PbI^2.

Si le sel se dissout dans HCl, on opère de même sur une plus grande quantité.

Si le sel est insoluble dans HCl, on opère de même avec AzO^3H et s'il est insoluble dans AzO^3H, avec de l'eau régale. S'il est insoluble dans les acides, on le fond avec CO^3Na^2 à la lampe d'émailleur, comme on le verra par la suite.

Quand le sel est dissous, on *cherche la base* par la méthode ordinaire : *il n'y a rien de particulier*, à moins qu'il y ait un précipité par AzH^4Cl et AzH^4OH : dans ce cas, *on modifie la méthode*, comme *il est indiqué plus loin.*

Recherche de l'acide. — Pour trouver l'acide (ou les acides) d'un sel insoluble, il faut le transformer en sel de Na soluble : on place le sel dans une fiole avec un bon excès de solution de CO^3 Na^2, on fait bouillir cinq minutes au moins, ce qui transforme l'acide en sel de Na soluble et la base en carbonate insoluble, on filtre, on ajoute, goutte à goutte, à la liqueur filtrée, AzO^3H jusqu'à ce qu'elle soit nettement acide au tournesol, pour décomposer l'excès de CO^3Na^2, on fait bouillir pour chasser CO^2, on verse un peu de liquide dans un TE et on ajoute $(AzO^3)^2Ba$; s'il y a un précipité insoluble dans HCl : *SO^3*

(En recommençant au besoin sur un autre essai) on ajoute AzH^4OH jusqu'à ce que la liqueur soit nettement alcaline.

Si $(AzO^3)^2Ba$ *donne un précipité*, on opère de même sur toute la liqueur, on filtre et on garde la liqueur filtrée pour l'essai II. S'il n'y a pas *eu de précipité*, on traite la liqueur suivant II

Traitement du précipité barytique. — On le lave bien à l'eau chaude, puis on l'entraîne dans un verre :

1° On en fait passer une partie dans un TE, on le dissout dans AzO^3H, on ajoute MA et on chauffe. Précipité jaune *P^2O^5*

On suppose pour le moment qu'il n'y a pas d'arséniates (voir *acides métalliques*) ;

2° On en fait passer une partie dans un TE, on ajoute goutte à goutte HCl jusqu'à ce qu'il soit dissous, on rajoute du précipité jusqu'à ce qu'il y en ait un excès, on filtre et on verse la liqueur dans un

mélange de $\left\{\begin{array}{l}\text{3 vol. } CH^3CO^2Na \\ \text{1 vol. } CaCl^2\end{array}\right.$: précipité *insoluble dans*

CH^3CO^2H $\begin{array}{c} CO^2H \\ | \\ CO^2H \end{array}$

Remarque : Vérifier :

a) En ajoutant MnO^2 pur à la solution chlorhydrique du précipité barytique, ce qui donne alors un dégagement de CO^2.

$$MnO^2 + \begin{array}{c} CO^2H \\ | \\ CO^2H \end{array} + 2HCl = 2CO^2 + 2H^2O + MnCl^2$$

b) En chauffant le précipité (ou le sel) avec SO^4H^2, ce qui donne un dégagement de CO ;

3° A un essai du précipité (ou *mieux du sel*) on ajoute CH^3OH et quelques gouttes de SO^4H^2 ; on chauffe ; dégagement de vapeurs brûlant avec flamme verte *B^2O^3*

4° On dissout un essai du précipité dans HCl, on évapore à sec, on reprend par HCl et par H^2O ; il reste un résidu insoluble : *SiO²*

5° Un essai du précipité, chauffé avec SO^4H^2 dégage des vapeurs qui attaquent le verre : *HFl*

(*mieux*, on mêle le sel avec du verre pilé, on ajoute SO^4H^2 et on chauffe en recevant les vapeurs sur un papier mouillé qui se couvre d'un précipité blanc de SiO^2.

II. A un essai de la liqueur, on ajoute AzO^3H, si la liqueur est alcaline, puis Az^3OAg.

On suppose pour le moment qu'il n'y a pas de *cyanures*.

S'il y a un précipité; à un essai, on ajoute AzO^3H, CS^2, et de l'eau de chlore : on agite :

CS^2 ne se colore pas : *HCl*

Se colore au jaune brun, plus ou moins rougeâtre : *HBr*

En violet : *HI*

Si, en continuant à ajouter de l'eau de chlore, la coloration violette vire au jaune brun, il y a aussi *HBr*

Voir au mélange des acides, comment chercher HCl en présence de HBr ou de HI.

Remarque. — *Si dans la recherche de la base, il y a un précipité par* AzH^4Cl et AzH^4OH, il peut être formé

non seulement par $\left\{\begin{array}{l}Fe(OH)^3\\Cr(OH)^3\\Al(OH)^3\end{array}\right.$, mais aussi par le sel lui-même qui était dissous dans HCl, par exemple, et qui reprécipite inaltéré, quand on neutralise par AzH^4OH. Les sels qui reprécipitent ainsi sont ceux de Ba, Sr, Ca, Mg unis

à P^2O^5, $\begin{matrix} CO^2H \\ | \\ CO^2H \end{matrix}$, B^2O^3, SiO^2, HFl. Le précipité formé par

AzH^4Cl et AzH^4OH peut donc renfermer :

Comme métaux Fe, Al, Cr — Ba, Sr, Ca, Mg — Mn (cherché par voie sèche.)

Comme acides : P^2O^5, $\begin{matrix} CO^2H \\ | \\ CO^2H \end{matrix}$, B^2O^3, SiO^2, HFl

1° *Chercher* Fe en dissolvant un peu du précipité dans HCl et ajoutant Cy^6FeK^4, précipité bleu Fe

2° *S'il y a* B^2O^3 bouillir le précipité (ou le sel, si c'est un sel simple) avec AzH^4Cl, filtrer, chercher dans la

liqueur $\left\{\begin{matrix} \text{Ba} \\ \text{Sr, Mg} \\ \text{Ca} \end{matrix}\right.$ et, dans le résidu (s'il y en a un), Al et Cr

3° *S'il y a* $\begin{matrix} CO^2H \\ | \\ CO^2H \end{matrix}$ calciner le précipité (ou le sel si c'est un sel simple) pour transformer les oxalates alcalino-terreux en carbonates :

$$\begin{matrix} COO \\ | \\ COO \end{matrix}\!\!>\text{Ba par exemple} = CO + CO^3Ba$$

reprendre par H^2O et HCl et traiter la liqueur comme d'ordinaire par AzH^4Cl et AzH^4OH, etc.

4° *S'il y a* P^2O^5, il faut le séparer d'avec les bases en le transformant en phosphate ferrique, insoluble dans H^2O, soluble dans HCl, mais insoluble dans CH^3CO^2H (*méthode acéto-ferrique*).

Dissoudre le précipité (ou le sel, si c'est un sel simple) dans le moins possible de HCl, ajouter CO^3Na^2 jusqu'à précipité permanent pour neutraliser l'excès de HCl, ajouter une goutte de HCl pour redissoudre ce précipité, puis $FeCl^3$ qui donne (d'une manière simplifiée) : par exemple $(PO^4)^2Ca^3 + 2FeCl^3 = 2PO^4Fe + 3CaCl^2$ (+)

Puis CH^3CO^2Na qui remplace HCl libre par CH^3CO^2H :

$$CH^3CO^2Na + HCl = CH^3CO^2H + NaCl$$

Aussi PO^4Fe, soluble dans HCl, mais insoluble dans CH^3CO^2H, précipite.

On continue à ajouter $FeCl^3$ et CH^3CO^2Na jusqu'à formation d'une teinte rougeâtre, due à la production d'acétate ferrique qui montre qu'il y a à la fois excès de $FeCl^3$ et de CH^3CO^2Na.

$$FeCl^3 + 3CH^3CO^2Na = 3NaCl + Fe(CH^3CO^2)^3$$

On fait bouillir, ce qui hydrolyse l'acétate ferrique et précipite tout l'excès de fer.

$$Fe(CH^3CO^2)^3 + 2HOH = Fe\begin{cases} CH^3CO^2 \\ (OH)^2 \downarrow \end{cases} + 2CH^3CO^2H \uparrow$$

On continue l'ébullition jusqu'à ce qu'un essai filtre incolore, alors on filtre le tout.

A la liqueur, qui ainsi que le montre l'équation (+) renferme les métaux alcalino-terreux à l'état de chlorures solubles, on ajoute AzH^4Cl et AzH^4OH : s'il y a un précipité, on le filtre et on le jette et on traite la liqueur, comme d'ordinaire, par $(AzH^4)^2S$, puis $CO^3(AzH^4)^2$ et PO^4Na^2H. Dans le précipité, on cherche, comme d'ordinaire, Al et Cr.

N.-B. — S'il y a, à la fois, les 3 acides, on fait bouillir le précipité (ou le sel) avec AzH^4Cl pour dissoudre les borates, on calcine le résidu pour détruire $\begin{matrix} CO^2H \\ | \\ CO^2H \end{matrix}$ et on traite le produit calciné par la méthode acéto-ferrique.

Dosages au permanganate (MnO^4K)

Reposent sur ce que MnO^4K, en liqueur acide, oxyde un grand nombre de corps suivant la réaction :
$2MnO^4K + 3SO^4H^2 = 2SO^4Mn + SO^4K^2 + 3H^2O + 5.O$ naissant, en même temps qu'il se décolore. Donc si on ajoute à la solution du corps à doser une liqueur titrée de MnO^4K jusqu'à coloration rose persistante montrant la fin de la réaction, et qu'on multiplie le volume de MnO^4K alors employé par le poids de MnO^4K contenu dans 1 centimètre cube, on aura le poids de MnO^4K qui a servi à l'oxydation et la formule de celle-ci permettra de calculer le poids du corps à doser.

I. — Soit à chercher le poids de MnO^4K contenu dans une solution.

Repose sur ce que l'acide oxalique $\left(\begin{array}{c} CO^2H \\ | \\ CO^2H \end{array} \; 2H^2O\right)$, en liqueur acide et chaude, réduit MnO^4K suivant les réactions simultanées :

$$2MnO^4K + 3SO^4H^2 = 2SO^4Mn + SO^4K^2 + 3H^2O + 5.O$$

$$5.O + 5\left(\begin{matrix}CO^2H\\ |\\ CO^2H\end{matrix}\ 2H^2O\right) = 10\ CO^2 + 15H^2O$$

Liqueur nécessaire. — Solution de $\begin{matrix}CO^2H\\ |\\ CO^2H\end{matrix}$ $2H^2O$ à P grammes par litre.

Pratique. — Mettre la solution de $\begin{matrix}CO^2H\\ |\\ CO^2H\end{matrix}$ $2H^2O$ dans une burette, celle de MnO^4K dans une 2e, faire couler 5 à 6 centimètres cubes de $\begin{matrix}CO^2H\\ |\\ CO^2H\end{matrix}$ dans un Erlenmeyer, ajouter un peu d'eau, puis de 1 ou 2 gouttes de SO^4H^2 par centimètre cube, chauffer vers 35-40° et ajouter MnO^4K jusqu'à teinte rose. Diviser le volume de $\begin{matrix}CO^2H\\ |\\ CO^2H\end{matrix}$ par celui de MnO^4K pour voir le nombre N de centimètres cubes de $\begin{matrix}CO^2H\\ |\\ CO^2H\end{matrix}$ qui réduit 1 centimètre cube de MnO^4K ; — rajouter quelques gouttes de $\begin{matrix}CO^2H\\ |\\ CO^2H\end{matrix}$ puis MnO^4K jusqu'à teinte rose et refaire la division pour voir si on arrive au même résultat.

Il faut donc NP milligrammes de $\begin{matrix}CO^2H\\ |\\ CO^2H\end{matrix}$ pour réduire MnO^4K contenu dans 1 centimètre cube de la liqueur à titrer.

Calcul. — Les formules :

$$2MnO^4K + 3SO^4H^2 = 2SO^4Mn + SO^4K^2 + 3H^2O + 5.O$$

$$5.O + 5 \begin{array}{l} CO\,H \\ | \\ CO^2H \end{array} 2H^2O = 10CO^2 + 15H^2O$$

où

$$MnO^4K = 158 \left\{ \begin{array}{r} Mn = 55 \\ 4.O = 64 \\ K = 39 \end{array} \right. \text{ et } \begin{array}{l} CO^2H \\ | \\ CO^2H \end{array} 2H^2O = 126 \left\{ \begin{array}{ll} 2\,C & = 12 \\ 4.O & = 64 \\ 2H & = 2 \\ 2H^2O & = 36 \end{array} \right.$$

montrent que $126 \times 5 = 630$ de $\begin{array}{l} CO^2H \\ | \\ CO^2H \end{array} 2H^2O$ réduisent 316 de MnO^4K et 1 de $\begin{array}{l} CO^2H \\ | \\ CO^2H \end{array} 2H^2O$ $\frac{316}{630}$ de MnO^4K, par conséquent NP milligrammes de $\begin{array}{l} CO^2H \\ | \\ CO^2H \end{array} 2H^2O$ ont réduit $NP \times \frac{316}{630}$ milligrammes de MnO^4K, ce qui est donc le poids de MnO^4K contenu dans 1 centimètre cube de la liqueur à titrer, et dans un litre, il y en a 1000 fois plus.

Remarques. — 1° Parfois, au début, la coloration de MnO^4K ne disparaît que lentement ;

2° S'il se produit une coloration brune, il faut rajouter SO^4H^2 étendu.

II. — Dosage du fer au minimum.

Repose sur ce que MnO^4K transforme les sels ferreux en sels ferriques

$$2MnO^4K + 3SO^4H^2 = 2SO^4Mn + SO^4K^2 + 3H^2O + 5.O$$
$$5.O + 10SO^4Fe + 5SO^4H^2 = 5(SO^4)^2Fe^2 + 5H^2O$$

Liqueur nécessaire. — Solution de MnO^4K qui vient d'être titrée à Π grammes par litre.

Pratique. — Mettre SO^4Fe dans une burette, MnO^4K dans une 2e, faire couler dans un vase à précipiter 6 à 7 centimètres cubes de SO^4Fe, ajouter quelques gouttes de SO^4H^2, puis MnO^4K jusqu'à teinte rose. Diviser le volume de MnO^4K par celui de SO^4Fe pour voir le nombre N de centimètres cubes de MnO^4K qui oxyde 1 centimètre cube de SO^4Fe, rajouter quelques gouttes de SO^4Fe, puis MnO^4K, jusqu'à teinte rose et refaire la division pour voir si on arrive au même résultat.

Il faut donc NΠ milligrammes de MnO^4K pour oxyder Fe contenu dans 1 centimètre cube de la liqueur à titrer.

Calcul. — Les formules précédentes montrent que 316 de MnO^4K oxydent 10 Fe = 56 × 10 soit 560 de fer et, par conséquent, 1 de MnO^4K $\frac{560}{316}$ de fer ; donc NΠ milligrammes de MnO^4K ont oxydé $N\Pi \times \frac{560}{316}$ milligrammes de fer, ce qui est, par conséquent, le poids de fer contenu dans un 1 centimètre cube de la liqueur à titrer, et dans un litre, il y en a 1.000 fois plus.

Remarques. — 1° Fe contenu dans la liqueur à l'état ferrique n'est donc pas dosé ;

2° A cause de l'oxydation des sels ferreux par l'air, si la solution de SO^4Fe est conservée en flacon mal bouché, son titre ira en diminuant avec le temps.

III. — Dosage de CrO^3.

Repose sur ce qu'il transforme les sels ferreux en sels ferriques, d'après la réaction :

$$2CrO^3 + 6FeO = 3Fe^2O^3 + Cr^2O^3.$$

Si donc on ajoute, à la liqueur à titrer, un volume connu d'une solution titrée de fer, puis qu'on dose, avec MnO^4K, Fe qui reste à l'état ferreux, on aura, en le retranchant du poids de fer contenu dans le volume de solution de fer introduit, le poids de celui-ci qui a été oxydé par CrO^3 et on pourra calculer ce dernier d'après la réaction précédente.

Soit à chercher le poids de CrO^3 contenu dans une solution de CrO^4K^2 ou de $Cr^2O^7K^2$

Liqueurs nécessaires — 1° solution de SO^4Fe contenant par litre P grammes de fer ;

2° Solution de MnO^4K à Π gramme par litre, dont, par conséquent, 1 centimètre cube oxyde $\Pi \times \frac{560}{316}$ milligrammes de fer.

Pratique. — Mettre dans une 3° burette la solution de CrO^3 à titrer : faire couler dans un vase à précipiter 10 centimètres cubes au moins (mieux 20 centimètres cubes) de celle-ci, ajouter une bonne quantité de SO^4H^2, puis SO^4Fe jusqu'à virage au vert franc (sans craindre d'en mettre un petit excès) et MnO^4K jusqu'à virage au gris violacé. Soit N le nombre de centimètres cubes de SO^4Fe et n le nombre de centimètres cubes de MnO^4K employés.

Calcul. — On a donc mis NP milligrammes de fer. D'autre part, puisque 1 centimètre cube de MnO^4K oxyde $\Pi \times \frac{560}{316}$ milligrammes de fer, les n centimètres cubes de MnO^4K ont oxydé $n\,\Pi \times \frac{560}{316}$ milligrammes de fer.

Le poids de fer oxydé par CrO^3 est donc :

$$\left(NP - n\Pi \times \frac{560}{316}\right) \text{ milligrammes.}$$

Comme on a eu

$$6FeO + 2CrO^3 = 3Fe^2O^3 + Cr^2O^3$$

où
$$Fe = 56 \text{ et } CrO^3 = 100 \left\{ \begin{array}{l} Cr = 52 \\ O^3 = 48 \end{array} \right.$$

on voit que $3Fe = 56 \times 3 = 168$ de fer sont oxydés par 100 de CrO^3 et 1 de fer par $\frac{100}{168}$ de CrO^3, donc : $\left(NP - n\Pi \times \frac{560}{316}\right)$ milligrammes de fer ont été oxydés par $\left(NP - n\Pi \times \frac{560}{316}\right) \times \frac{100}{168}$ de CrO^3 ; puis on divisera par le volume de la solution de CrO^3 et on multipliera par 1.000.

IV. — Dosage de Mn.

(Pouvant se faire en présence des sels ferriques). Repose

sur ce que MnO^4K donne dans les sels de Mn un précipité de MnO^2 ; par exemple :

$$2MnO^4K + 3MnCl^2 + 2H^2O = 5MnO^2 + 2KCl + 4HCl$$

la liqueur tend donc à devenir acide, il faut donc la neutraliser à mesure pour que l'acide mis en liberté ne puisse réagir sur MnO^2 formé, en ajoutant ZnO qui, en outre, s'il y a lieu, précipite les sels ferriques à l'état de $Fe(OH)^3$.

Soit à déterminer le poids de Mn contenu dans une solution de $MnCl^2$ ou de SO^4Mn.

Liqueur nécessaire.— Solution de MnO^4K à H gramme par litre.

Pratique. — Placer dans une burette la solution de $MnCl^2$ et dans une 2e celle de MnO^4K, faire couler dans un Erlenmeyer d'un litre 50 centimètres cubes, par exemple, de $MnCl^2$; ajouter 350 centimètres cubes environ d'eau, ajouter un excès de ZnO délayé dans l'eau, porter à ébullition, ajouter MnO^4K, centimètre cube par centimètre cube, en portant chaque fois à ébullition, puis laissant déposer jusqu'à ce que la liqueur qui surnage le précipité soit rose. Soit V le volume de MnO^4K employé. Recommencer, de la même manière, en ajoutant d'abord d'un seul coup (V-1) centimètres cubes de MnO^4K, puis continuant à l'ajouter par 2 gouttes à la fois jusqu'à ce que la liqueur soit rose. Soit N le nombre de centimètres cubes de MnO^4K employé dans ce 2e essai.

On a donc employé NH milligrammes de MnO^4K

Calcul. — La formule précédente montre que 316 de MnO^4K réagissent sur $3Mn = 55 \times 3 = 165$; donc NII milligrammes de MnO^4K ont réagi sur $NII \times \frac{165}{316}$ milligrammes de Mn, puis on multipliera par 20 pour rapporter au litre de la liqueur à titrer.

Remarque. — La formule n'étant pas tout à fait rigoureuse, on multipliera le résultat par 1.01.

Dosages à la liqueur d'Iode

I. — Soit à chercher le poids d'iode contenu dans une solution.

Repose sur ce que, en présence de CO^3NaH, I transforme les arsénites en arséniates :

$$AsO^3Na^2H + 2CO^3NaH + I^2 = AsO^4Na^2H + 2NaI + \\ + 2CO^2 + H^2O$$

c'est-à-dire :

$$AsO^3Na^2H + \frac{CO^2.H^2O}{CO^2Na^2O} + I^2 = AsO^4Na^2H + 2NaI + \\ + 2CO^2 + H^2O$$

ou, *plus simplement* :

$$As^2O^3 + 2H^2O + 4I = As^2O^5 + 4HI$$

Liqueur nécessaire. — Solution à P grammes par litre de As^2O^3 dissous à la faveur d'un excès de CO^3NaH.

Pratique. — Mettre As^2O^3 dans une burette et I dans

une 2°; faire couler dans un Erlenmeyer 8-10 centimètres cubes de As^2O^3, ajouter I jusqu'à légère teinte jaune persistante (ou bleue si on a mis de l'amidon). Diviser le volume de As^2O^3 par celui d'iode pour voir le nombre de centimètres cubes de As^2O^3, qui réagit sur 1 centimètre cube d'iode, rajouter quelques gouttes de As^2O^3, puis I jusqu'à teinte jaune; refaire la division pour voir si on arrive au même résultat.

Il faut donc NP milligrammes de As^2O^3 pour réagir sur I contenu dans 1 centimètre cube de la liqueur à titrer.

Calcul. — La formule :

$$As^2O^3 + 4.I + 2H^2O = As^2O^5 + 4HI$$

où $As^2O^3 = 198 \begin{cases} As^2 = 150 \\ 3.O = \ \ 48 \end{cases}$ et $I = 127$

montre que 198 de As^2O^3 réagissent sur $4I = 4 \times 127 = 508$ d'iode, et 1 de As^2O^3 sur $\frac{508}{198}$ d'iode, donc NP milligrammes de As^2O^3 ont réagi sur $NP \times \frac{508}{198}$ milligrammes d'iode ce qui est donc le poids d'Iode contenu dans 1 centimètre cube de la liqueur à titrer, et, dans un litre, il y en a 1.000 fois plus.

II. — Dosage de l'hyposulfite de Na ($S^2O^3Na^2 5H^2O$.)

Repose sur ce que I transforme les hyposulfites en tétrathionates

$$2(S^2O^3Na^2\ 5H^2O) + I^2 = 2NaI + S^4O^6Na^2 + 10H^2O$$

Soit à chercher le poids de $S^2O^3Na^2\ 5H^2O$ contenu dans une liqueur.

Liqueur nécessaire. — Solution d'iode qui vient d'être titrée, à Π grammes par litre.

Pratique. — Mettre I dans une burette, $S^2O^3Na^2$ dans une 2e, faire couler, dans un vase à précipiter, 8-10 centimètres cubes de $S^2O^3Na^2$, ajouter I jusqu'à teinte jaune (ou bleue si on a mis de l'amidon). Diviser le volume d'iode par celui de l'hypo pour voir le nombre N de centimètres cubes d'iode qui réagit sur 1 centimètre cube d'hypo ; rajouter quelques gouttes de $S^2O^3Na^2$, puis I jusqu'à teinte jaune et refaire la division pour voir si on arrive au même résultat. Il faut donc NΠ milligrammes d'iode pour réagir sur l'hypo contenu dans 1 centimètre cube de la solution à titrer.

Calcul. — La formule :

$$I^2 + 2\,(S^2O^3Na^2\,5H^2O) = 2NaI + S^4O^6Na^2 + 10H^2O$$

où $S^2O^3Na^25H^2O = 248 \begin{cases} S^2 = 64 \\ O^3 = 48 \\ Na^2 = 46 \\ 5H^2O = 90 \end{cases}$ et $I = 127$

montre que 127 d'iode réagissent sur 248 d'hypo, et, par conséquent, 1 d'iode sur $\frac{248}{127}$ d'hypo ; donc NΠ milligrammes d'iode ont réagi sur $N\Pi \times \frac{248}{127}$ milligrammes d'hypo, ce qui est donc le poids de celui-ci contenu dans 1 centimètre cube de la liqueur à titrer, et, dans un litre, il y en a 1.000 fois plus.

III. — Dosage des hypochlorites. — Détermination du chlore actif.

On donne le nom de Cl actif à Cl mis en liberté par action des acides sur les hypochlorites industriels qui à cause de leur préparation par action de Cl sur les alcalis :
(par exemple $2NaOH + 2Cl = NaClO + NaCl + H^2O$) renferment toujours des chlorures et donnent par exemple

$$NaClO + NaCl + SO^4H^2 = SO^4Na^2 + H^2O + Cl^2$$

La méthode consiste à le mettre en liberté en présence de KI : il en met I en liberté ($KI + Cl = KCl + I$) et en dosant celui-ci à l'hypo, on pourra calculer la quantité correspondante de Cl.

Liqueurs nécessaires. — 1° Solution de KI à environ 5 0/0 ;

2° Solution d'hypo à P gramme par litre, dont 1 centimètre cube réagit par conséquent sur $P \times \frac{127}{248}$ milligr. d'Iode et donc sur $P \times \frac{35,5}{248}$ milligr. de Cl.

Pratique. — Mettre dans une burette la solution de NaClO et dans une 2e celle de $S^2O^3Na^2$, faire couler dans un vase à précipiter 20 centimètres cubes environ de NaClO, ajouter un excès de KI, puis peu à peu, en agitant constamment, HCl étendu, jusqu'à réaction faiblement acide, attendre cinq minutes, puis ajouter l'hypo jusqu'à décoloration. Soit N le nombre de centimètres cubes d'hypo, ils ont donc réagi sur $NP \times \frac{127}{248}$

milligr. d'Iode et, par conséquent sur, NP $\times \frac{35,5}{248}$ milligr. de Cl. Diviser le résultat par le volume de NaClO employé et multiplier par 1.000.

Remarques. — 1° S'il se forme un précipité d'Iode, on rajoute KI jusqu'à ce qu'il soit redissous ;

2° Si, comme souvent, la solution de NaClO est trop concentrée, on la dilue d'abord dans une proportion connue ;

3° Pour exprimer le résultat en NaClO, comme

$$NaClO = 74,5 \quad (Na = 23 \quad Cl = 35,5 \quad O = 16)$$

et que NaClO correspond à Cl^2, le poids de NaClO contenu dans le volume employé est $\frac{74,5}{248 \times 2} \times NP$

Dosages du fer au maximum

1° Repose sur ce que I transforme $SnCl^2$, en présence de HCl, en $SnCl^4$

$$SnCl^2 + 2HCl + I^2 = SnCl^4 + 2HI ;$$

2° $SnCl^2$ ramène $FeCl^3$ à l'état de $FeCl^2$:

$$2FeCl^3 + SnCl^2 = 2FeCl^2 + SnCl^4$$

par conséquent, si, à la liqueur à titrer, on ajoute un volume connu et en excès d'une liqueur titrée de $SnCl^2$, puisqu'on dose à l'Iode $SnCl^2$ qui reste, et qu'on le retranche du poids de $SnCl^2$ introduit, on aura le poids de $SnCl^2$ qui a servi à réduire le fer et par conséquent on pourra calculer le poids de celui-ci.

De fait, on opère par comparaison avec une solution titrée de $FeCl^3$. Se fait en *3 temps* : dans le premier, on cherche le nombre de centimètres cubes α de $SnCl^2$ sur lequel agit 1 centimètre cube de la liqueur d'Iode ; dans la deuxième, on ajoute à un volume connu de solution titrée de $FeCl^3$, un volume connu et en excès de $SnCl^2$, on cherche à l'I ce qui en reste, on le retranche du volume de $SnCl^2$ employé ; on divise le volume de FeCl employé par le résultat trouvé, ce qui donne le nombre de centimètres cubes β de $FeCl^3$ réduit par 1 centimètre cube de $SnCl^2$; puis en multipliant ce nombre de centimètres cubes β par le poids qu'en contient 1 centimètre cube, on a le poids de fer réduit par 1 centimètre cube de $SnCl^2$.

Dans le troisième, on opère de même sur la liqueur à doser, ce qui donne le volume de $SnCl^2$ nécessaire pour réduire le fer qu'il renferme et en multipliant ce volume par le poids de fer réduit par 1 centimètre cube de $SnCl^2$, on a le poids de fer contenu dans la prise d'essai.

I. — Soit à chercher le nombre de centimètres cubes α de $SnCl^2$ sur lequel réagit 1 centimètre cube d'Iode.

Liqueurs nécessaires.—1° Solution quelconque d'iode ; 2° Solution quelconque de $SnCl^2$ (dissous à la faveur de HCl).

Pratique. — Mettre dans une burette $SnCl^2$ et I dans une deuxième, faire couler dans un *petit* Erlenmeyer un volume E_1 (3-4 centimètres cubes) de $SnCl^2$, ajouter de l'eau d'amidon, puis I jusqu'à coloration bleue. Soit I_1 le volume d'Iode employé. Diviser le volume de $SnCl^2$

par celui d'iode, on a $\alpha = \frac{E_1}{I_1}$, rajouter quelques gouttes de $SnCl^2$, puis I jusqu'à coloration bleue, refaire la division pour voir si on arrive au même résultat.

II. — Soit à chercher le nombre de centimètres cubes β de liqueur titrée de $FeCl^3$ sur lequel agit 1 centimètre cube de $SnCl^2$.

Liqueur nécessaire. — Solution de $FeCl^3$ à P grammes de fer par litre.

Pratique. — Mettre dans une troisième burette la solution titrée de $FeCl^3$, en faire couler dans un Erlenmeyer, *aussi petit que possible*, un volume F (20-25 centimètres cubes), ajouter, avec une *éprouvette graduée*, 5 centimètres cubes de HCl (pour foncer la teinte) porter à l'ébullition, ajouter $SnCl^2$ jusqu'à décoloration (en évitant d'en mettre un trop grand excès) ; refroidir en faisant couler de l'eau sur l'Erlenmeyer (sans agiter pour ne pas oxyder $SnCl^2$), ajouter de l'amidon, puis I jusqu'à coloration bleue.

Soient E_2 le volume de $SnCl^2$ employé et I_2 le volume d'Iode.

Calcul. — Puisque 1 centimètre cube d'Iode réagit sur α centimètres cubes de $SnCl^2$, I_2 centimètres cubes d'Iode ont réagi sur αI_2 centimètres cubes de $SnCl^2$, par conséquent le volume de $SnCl^2$ qui a réduit $FeCl^3$ est $E_2 - \alpha I_2$ centimètres cubes, et comme ils ont réduit F centimètres cubes de $FeCl^3$, 1 centimètre cube de $SnCl^2$ en a réduit $\frac{F}{E_2 - \alpha I_2} = \beta$ centimètres cubes et par conséquent βP milligr. de fer.

III. — Dosage du fer dans la solution à titrer.

Pratique. — Mettre dans une burette la solution à titrer, en faire couler N centimètres cubes dans un Erlenmeyer, ajouter 5 centimètres cubes de HCl, porter à l'ébullition, ajouter $SnCl^2$ jusqu'à décoloration. Refroidir comme précédemment, ajouter de l'amidon, puis I jusqu'à coloration bleue.

Soient E_3 le volume de $SnCl^2$ employé et I_3 le volume d'Iode.

Calcul. — Comme précédemment, I_3 centimètres cubes d'Iode ont réagi sur αI_3 centimètres cubes de $SnCl^2$ et, par conséquent, le volume de $SnCl^2$ qui a réduit le fer est $(E_3 - \alpha I_3)$ centimètres cubes, et puisque 1 centimètre cube de $SnCl^2$ réduit βP milligr. de fer, $(E_3 - \alpha I_3)$ centimètres cubes de $SnCl^2$ en réduisent $(E_3 - \alpha I_3)\,\beta P$ milligr. ce qui est donc le poids de fer contenu dans N centimètres cubes de la liqueur à titrer ; dans 1 centimètre cube il y en a donc $\frac{(E_3 - \alpha I_3)\beta P}{N}$ milligr. et dans 1 litre il y en a 1.000 fois plus.

Dosage des chlorures (chlorurométrie)

I. — Méthode de Mohr.

Principes : 1° AzO^3Ag précipite les chlorures :

$$AzO^3Ag + KCl \text{ par exemple : } = AzO^3K + AgCl$$

2° donne avec CrO^4K^2 un précipité rouge de CrO^4Ag^2 :

$$2\,AzO^3Ag + CrO^4K^2 = CrO^4Ag^2 + 2\,AzO^3K$$

qui ne peut se produire en présence des chlorures solubles, car on aurait :

$$CrO^4Ag^2 + 2KCl = 2AgCl + CrO^4K^2$$

Donc si on ajoute à la liqueur à titrer, additionnée de CrO^4K^2, une solution titrée de AzO^3Ag jusqu'à teinte rouge persistante montrant la fin de la réaction, en multipliant le volume de AzO^3Ag par son titre, on a le poids de AzO^3Ag qui a précipité le chlorure et on peut calculer le poids de celui-ci.

Soit à chercher le poids de KCl contenu dans une solution.

Liqueurs nécessaires. — 1° Solution de AzO^3Ag à P gr. par litre ;

2° Solution de CrO^4K^2 comme indicateur.

Pratique. — Mettre KCl dans une burette, AzO^3Ag dans une deuxième, faire couler dans un vase à précipiter 15 à 20 centimètres cubes de KCl, ajouter 4 à 5 gouttes de CrO^4K^2 et, peu à peu, en agitant constamment, AzO^3Ag jusqu'à teinte rougeâtre persistante. Diviser le volume de AzO^3Ag par celui de KCl pour voir le nombre N de centimètres cubes de AzO^3Ag qui précipite 1 centimètre cube de KCl. Rajouter quelques gouttes de KCl, puis AzO^3Ag jusqu'à teinte rougeâtre. Refaire la division pour voir si on arrive au même résultat.

Il faut donc NP milligrammes de AzO^3Ag pour précipiter KCl contenu dans 1 centimètre cube de la liqueur à titrer.

Calcul. — La formule

$$AzO^3Ag + KCl = AzO^3K + AgCl$$

où

$$AzO^3Ag = 170 \begin{cases} Ag = 108 \\ Az = 14 \\ O^3 = 48 \end{cases} \text{ et } KCl = 74,5 \begin{cases} K = 39 \\ Cl = 35,5 \end{cases}$$

montre que 170 de AzO^3Ag précipitent 74,5 de KCl et 1 de AzO^3Ag $\frac{74,5}{170}$ de KCl ; donc NP milligr. de AzO^3Ag ont précipité $NP \times \frac{74,5}{170}$ milligr. de KCl, ce qui est le poids de KCl contenu dans 1 centimètre cube de la liqueur à titrer, et, dans 1 litre, il y en a 1.000 fois plus.

Méthode de Volhardt.

Pouvant s'employer en liqueur acide, ce qui est impossible pour celle de Mohr à cause de la solubilité de CrO^4Ag^2 dans AzO^3H.

Principes. — 1° AzO^3Ag précipite les chlorures :

$$AzO^3Ag + KCl = AzO^3K + AgCl$$

2° $CySAzH^4$ donne avec AzO^3Ag un précipité de CySAg insoluble dans AzO^3H étendu.

$$CySAzH^4 + AzO^3Ag = CySAg + AzO^3AzH^4$$

et avec les sels ferriques une coloration rouge due à la formation de sulfocyanure ferrique :

$$6\,CySAzH^4 + (SO^4)^3Fe^2 = 2\,Fe(CyS)^3 + 3\,SO^4(AzH^4)^2$$

qui ne peut se produire en présence de AzO^3Ag, car on aurait :

$$Fe(CyS)^3 + 3AzO^3Ag = Fe(AzO^3)^3 + 3CySAg$$

La méthode consiste à ajouter à la liqueur à doser un volume connu et en excès de solution titrée de AzO^3Ag et à chercher avec une solution de $CySAzH^4$ le volume de AzO^3Ag qui reste après la précipitation du chlorure. En le retranchant de celui introduit, on a celui qui a servi à la précipitation, ce qui permet de calculer le poids du chlorure.

Se fait en *2 temps :* dans le premier, on cherche le volume de AzO^3Ag précipité par 1 centimètre cube de $CySAzH^4$, dans le deuxième, on détermine avec Cy^3AzH^4 le volume de AzO^3Ag qui reste après la précipitation du chlorure.

Soit à chercher le poids de KCl contenu dans une solution.

Liqueurs nécessaires. — 1° Solution de AzO^3Ag à P grammes par litre ;

2° Solution quelconque (pas trop concentrée) de $CySAzH^4$;

3° Solution saturée (à froid) d'alun de fer, comme *indicateur*.

I. — Soit à chercher le nombre de centimètres cubes (α) de solution de AzO^3Ag précipité par 1 centimètre cube de $CySAzH^4$.

Mettre dans une burette la solution de AzO^3Ag, dans

une deuxième celle de $CySAzH^4$, faire couler dans un vase à précipiter 15 à 20 centimètres cubes de AzO^3Ag, ajouter 20 à 30 gouttes d'alun de fer, puis quelques gouttes de AzO^3H pour faire disparaître la coloration due à celui-ci, ajouter, en agitant constamment, $CySAzH^4$ jusqu'à coloration brun clair.

Diviser le volume de AzO^3Ag par celui de $CySAzH^4$, rajouter quelques gouttes de AzO^3Ag, puis $CySAzH^4$ jusqu'à coloration, refaire la division pour voir si on arrive au même résultat.

Mettre dans une troisième burette la solution de KCl, en faire couler 15 à 20 centimètres cubes dans un vase à précipiter, ajouter un excès de AzO^3Ag, puis de l'alun de fer et AzO^3H, faire couler $CySAzH^4$ jusqu'à coloration.

Remarque. — Si elle apparaît à la première goutte de $CySAzH^4$, il n'y a pas assez de AzO^3Ag, on en rajoute jusqu'à ce qu'elle ait disparu et on termine comme précédemment.

Calcul. — Soient N le nombre de centimètres cubes de AzO^3Ag et n le nombre de centimètres cubes de $CySAzH^4$ employés. Puisque 1 centimètre cube de $CySAzH^4$ précipite α centimètres cubes de AzO^3Ag, n centimètres cubes en ont précipité $n\alpha$; par conséquent 1 volume de AzO^3Ag qui a servi à précipiter KCl est $(N - n\alpha)$ centimètres cubes : ils renferment $(N - n\alpha)$ P milligrammes de AzO^3Ag qui ont précipité, comme dans la Méthode de Mohr $\frac{74,5}{170}$ $(N - n\alpha)$ P milligrammes de KCl, puis diviser par le volume de KCl et multiplier par 1.000.

Remarques. — 1° On ne s'attendra pas à une concordance absolue entre les deux méthodes, car chacune d'elles, comme toute méthode expérimentale, comporte des causes d'erreur et qui ne sont pas les mêmes ;

2° S'il faut doser un autre chlorure, on remplace, dans les calculs, le poids moléculaire de KCl par celui du chlorure à titrer, par exemple :

58,5 pour NaCl : Na = 23 ; Cl = 35,5

$\frac{111}{2}$ pour $CaCl^2$: Ca = 40 ; Cl^2 = 71

Acidimétrie, Alcalimétrie

Acidimétrie.

L'*acidimétrie* a pour but de chercher le poids d'acide libre contenu dans une solution ; pour cela on y ajoute, jusqu'à *neutralisation*, une liqueur alcaline, par exemple de NaOH de titre connu. En multipliant alors le volume de cette liqueur employée par son titre on a le poids de NaOH qui a neutralisé l'acide et on peut par conséquent calculer le poids de celui-ci. Pour voir le moment de la neutralisation, on y ajoute un *indicateur* dont la teinte diffère suivant qu'il est en milieu acide ou alcalin :

1° *Tournesol*, bleu en liqueur alcaline, rouge vineux en présence d'acide faible, par exemple CO^2, rouge pâle, dit *pelure d'oignon*, en présence des acides forts, par exemple HCl, SO^4H^2 ;

2° *Phtaléine de phénol*, incolore en milieu acide, virant au rouge par les alcalis ;

3° Méthyl orange (hélianthine, orangé III) jaune en

milieu alcalin, virant au rose par les acides forts, mais non par les acides faibles (CO^2, B^2O^3) ne doit s'ajouter qu'*en très faible quantité*, sinon le virage n'est pas net.

Soit à chercher le poids de HCl contenu dans une solution.

Liqueur nécessaire. — Solution de CO^3Na^2 à P grammes par litre. *Indicateur : méthylorange.*

Pratique. — Mettre dans une burette HCl, dans une deuxième CO^3Na^2 ; faire couler dans un vase à précipiter 7 à 8 centimètres cubes de HCl, ajouter *une* goutte de méthylorange, puis CO^3Na^2 jusqu'à virage au jaune et, en agitant constamment, HCl jusqu'à virage au rose. Diviser le volume de CO^3Na^2 par celui de HCl pour voir le nombre N de centimètres cubes de CO^3Na^2 qui sature 1 centimètre cube de HCl, rajouter quelques gouttes de CO^3Na^2 puis HCl jusqu'à virage au rose, refaire la division pour voir si on arrive au même résultat.

Il faut donc NP milligrammes de CO^3Na^2 pour saturer HCl contenu dans 1 centimètre cube de la liqueur à titrer.

Calcul. — La formule :

$$CO^3Na^2 + 2HCl = 2NaCl + CO^2 + H^2O$$

où

$$CO^3Na^2 = 106$$

$$(C = 12 \quad O^3 = 48 \quad Na^2 = 46)$$

et HCl = 36,5 montre que 53 de CO^3Na^2 neutralisent

36,5 de HCl et 1 de CO^3Na^2 $\frac{36,5}{53}$ de HCl ; donc NP milligrammes de CO^3Na^2 ont neutralisé $\frac{36,5}{53} \times$ NP milligrammes de HCl, ce qui est le poids de celui-ci contenu dans 1 centimètre cube de la liqueur à titrer, et, dans un litre il y en a 1.000 fois plus.

Alcalimétrie.

L'*Alcalimétrie* a pour but de chercher le poids d'alcali libre ou carbonaté contenu dans une liqueur. Repose sur les mêmes principes et se fait de même avec une liqueur acide de titre connu.

I. — Soit à chercher le poids de NaOH contenu dans une solution.

Liqueur nécessaire. — Solution de HCl qui vient d'être titrée à Π gramme par litre.

Indicateur : Méthylorange.

Pratique. — Mettre HCl titré dans une burette et NaOH dans une deuxième ; faire couler dans un vase à précipiter 7 à 8 centimètres cubes de NaOH, ajouter une goutte de méthylorange, puis HCl jusqu'à virage au rose. Diviser le volume de HCl par celui de NaOH pour voir le nombre N de centimètres cubes qui sature 1 centimètre cube de NaOH, rajouter quelques gouttes de NaOH, puis HCl jusqu'à virage au rose, refaire la division pour voir si on arrive au même résultat. Il faut donc NΠ milligrammes de HCl pour saturer NaOH contenue dans 1 centimètre cube de la liqueur à titrer.

Calcul. — La formule

$$HCl + NaOH = NaCl + H^2O$$

où

$HCl = 36,5$ et $NaOH = 40$ ($Na = 23$, $O = 16$, $H = 1$) montre que 36,5 de HCl saturent 40 de NaOH et 1 de HCl $\frac{40}{36,5}$ de NaOH, par conséquent NП milligrammes de HCl ont saturé $\frac{40}{36,5} \times N\Pi$ milligrammes de NaOH, ce qui est donc le poids de NaOH contenu dans 1 centimètre cube de la liqueur, et, dans un litre, il y en a 1.000 fois plus.

II. — Soit à chercher le poids de NaOH et le poids de CO^3Na^2 contenus dans une solution qui renferme à la fois ces deux corps.

Puisqu'il y a deux corps à doser, il faut deux opérations : dans la première, on dose la somme de NaOH libre et de NaOH équivalente à CO^3Na^2 ; dans la deuxième on élimine CO^3Na^2 en ajoutant à la liqueur $BaCl^2$, qui donne :

$$CO^3Na^2 + BaCl^2 = CO^3Ba\downarrow + 2NaCl$$

On filtre, et, dans la liqueur qui ne contient plus que NaOH, on dose celle-ci, puis en la retranchant de celle trouvée dans la première opération, on a celle équivalente à CO^3Na^2.

1° *Dosage de l'alcalinité totale évaluée en* NaOH.

Liqueur nécessaire. — Solution de HCl à П grammes par litre. *Indicateur : tournesol.*

Pratique. — Mettre dans une burette HCl ; dans une deuxième, la solution à titrer ; faire couler dans un Erlenmeyer 7 à 8 centimètres cubes de la solution à titrer, ajouter du tournesol, puis HCl jusqu'au virage au rouge pelure d'oignon ; chauffer vers l'ébullition pour chasser CO^2, rajouter la liqueur à titrer jusqu'à virage au bleu. Diviser le volume de HCl par celui de la liqueur à titrer pour voir le nombre N de centimètres cubes de HCl qui sature 1 centimètre cube de celle-ci, rajouter quelques gouttes de HCl, puis la liqueur à titrer jusqu'à virage au bleu ; refaire la division pour voir si on arrive au même résultat. Il faut donc NH milligrammes de HCl pour saturer la somme de NaOH libre et de NaOH équivalente à CO^3Na^2 contenues dans 1 centimètre cube de la liqueur ; comme précédemment, ils ont saturé $NH \times \frac{40}{36,5}$ milligr. de NaOH, et, dans un litre, il y en a 1.000 fois plus.

2° *Dosage de* NaOH *libre : Indicateur : Phtaléine.*

Faire couler dans un Erlenmeyer 100 centimètres cubes (4 burettes) de la liqueur à titrer ; chauffer vers l'ébullition, ajouter une solution de $BaCl^2$ tant que le précipité augmente sans craindre d'en mettre un excès ; filtrer en recevant dans une fiole jaugée de 200 centimètres cubes, laver l'Erlenmeyer et le précipité à l'eau chaude, en recevant toujours dans la fiole jaugée, jusqu'à ce que le liquide affleure vers le trait de graduation ; *mettre le filtre dans l'Erlenmeyer en vue de la vérification*, refroidir la fiole jaugée, ajouter de l'eau distillée jusqu'au trait, agiter et mettre la liqueur alcaline obtenue dans une burette.

Faire couler 20 centimètres cubes environ de cette liqueur alcaline dans un vase à précipiter, ajouter de la phtaléine, puis HCl titré jusqu'à décoloration, rajouter, goutte à goutte, la liqueur alcaline en agitant jusqu'au virage au rouge. Diviser le volume de HCl par celui de la liqueur alcaline pour voir le nombre N de centimètres cubes de HCl qui sature 1 centimètre cube de celle-ci. Il renferme donc NΠ milligrammes de HCl qui ont saturé $N\Pi \times \frac{40}{36,5}$ milligrammes de NaOH ; donc dans les 200 centimètres cubes de la fiole jaugée, il y en a $200 \times N\Pi \times \frac{40}{36,5}$ et comme ils proviennent de 100 centimètres cubes de la liqueur primitive, il y en a 10 fois plus dans un litre de celle-ci.

Puis on retranche le poids trouvé de celui de la première opération et comme

$$NaOH = 40 \qquad \frac{CO^3Na^2}{2} = 53$$

40 de NaOH correspondent à 53 de NaOH, par conséquent on multipliera la différence par $\frac{53}{40}$.

Vérification.— Dans l'Erlenmeyer où on a mis le filtre chargé du précipité de CO^3Ba, ajouter un peu d'eau et du méthyl orange, faire couler HCl titré jusqu'à virage au rose, chauffer doucement et ajouter la solution titrée de CO^2Na^2 jusqu'à virage au jaune, puis HCl titré jusqu'à ce que la nuance repasse au rose. Soient V le volume de HCl et n celui de CO^3Na^2 employés.

On a donc mis VΠ milligramme de HCl ; d'autre part si P est le nombre de grammes de CO^3Na^2 contenus dans un litre de celui-ci, 1 centimètre cube de cette solution sature $P \times \frac{36,5}{53}$ milligrammes de HCl et les n centimètres cubes en ont saturé $nP \times \frac{36,5}{53}$ milligrammes.

Il a donc fallu pour dissoudre le précipité de CO^3Ba $\left(VII - nP \times \frac{36,5}{53}\right)$ milligrammes de HCl, ce qui est le même poids de HCl qui saturerait CO^3Na^2 d'où provient ce précipité, puisqu'on a eu :

$$CO^3Na^2 + BaCl^2 = CO^3Ba + 2NaCl$$

et qu'on a aussi

$$CO^3Ba + 2HCl = BaCl^2 + CO^2 + H^2O$$
$$CO^3Na^2 + 2HCl = 2NaCl + CO^2 + H^2O$$

et comme $CO^3Na^2 = 106$, $2HCl = 2 \times 36,5$; 36,5 de HCl saturent 53 de CO^3Na^2 et 1 de HCl $\frac{53}{36,5}$ de CO^3Na^2.

Donc $\left(VII - nP \times \frac{36,5}{53}\right)$ milligr. de HCl ont saturé $\left(VII - nP \times \frac{35,5}{53}\right) \times \frac{53}{36,5}$ millig. de CO^3Na^2, puis on multiplie par 10 pour rapporter à un litre de la liqueur primitive.

Remarques. — 1° On ne s'attendra pas à une concordance absolue entre les deux résultats ;

2° Il est plus logique d'exprimer les résultats en Na^2O, en remplaçant dans le calcul $NaOH = 40$ par 1/2 de $Na^2O = 31$.

SAINT-AMAND (CHER). — IMPRIMERIE BUSSIÈRE.

www.ingramcontent.com/pod-product-compliance
Ingram Content Group UK Ltd.
Pitfield, Milton Keynes, MK11 3LW, UK
UKHW051024210726
13857UKWH00007B/1311

9 782013 052382